DIESES BUCH ...

... UNTERSTÜTZT SIE LÜGNER VON LEADERN ZU UNTERSCHEIDEN.

... STEIGERT IHREN EINFLUSS.

... MACHT SIE ÜBERLEGEN.

... FÖRDERT IHRE FASZINATION.

... VERHILFT IHNEN ZU MEHR SELBSTBESTIMMTHEIT.

... ERHÖHT IHREN STATUS.

... LÄSST SIE SCHEIN VON SEIN UNTERSCHEIDEN.

ISBN 978-3-945112-16-8

Bibliografische Information der Deutschen Nationalbibliothek

Die Deutsche Nationalbibliothek verzeichnet diese Publikation in der Deutschen Nationalbibliografie; detaillierte bibliografische Daten sind im Internet über http://dnb.d-nb.de abrufbar.

Fotos Marina Friess: Torsten Brandt

Alle Angaben werden mit Herz recherchiert, gesammelt, sondiert, lektoriert und publiziert. Dennoch: Alles ohne Gewähr. Jegliche Haftung seitens des Verlages und|oder der Autoren ist ausgeschlossen.

Die Inhalte unserer Bücher liegen in der Interpretationsfreiheit unserer Autoren, sie spiegeln nicht automatisch die Meinung des Verlages wider.

© PROFILER'S PUBLISHING Bielefeld 2015 | www.profilerspublishing.com

Marina Friess

Die Alpha-DNA

PROFILER'S PUBLISHING

Expertenwissen für Ihren Erfolg

Inhalt

WILLKOMMEN
IN DER WELT DER ALPHAS

Kennen Sie die Menschen, die scheinbar jeden faszinieren? Ich bin da immer vorsichtig. Und doch. Vor wenigen Wochen war ich fasziniert – so sehr, dass ich Ihnen davon berichte.

Da stand ein Mann – 40 Jahre und Unternehmer. Alles selbst aufgebaut. Ein Unternehmen mit 56 Mitarbeitern. Wahnsinn, wie hat er das geschafft? Dass er es geschafft hat, konnte ich sehen. Ich habe es gespürt, als er auf der Bühne sprach. Er sprach über Werte, Einstellungen und seinen Aufstieg, aber auch über seinen frühen Fall. Und damit ist er das beste Beispiel für den Sinn dieses Buches.

VOR DEM FALL

Damals 30 Jahre jung und schon ein eigenes Unternehmen mit 200 Mitarbeitern aufgebaut. Und doch kümmert er sich mehr um seine zahlreichen Autos und Uhren, als um die Menschen.

Er ist von sich überzeugt und das absolut. Grundsätzlich eine positive Eigenschaft, wenn man es nicht übertreibt. Doch er tappt in die gleiche Falle, wie schon so viele vor ihm. Er hebt ab. Denkt, er kann alles und braucht sich nichts mehr sagen zu lassen. Sein Umfeld ist eingeschüchtert und kann eine Zeit lang einfach nur zuschauen.

Doch das ändert sich schlagartig. Eines Morgens steht er vor seinem goldenen Spiegel im Büro – den braucht 'man' natürlich – und bewundert sich selbst. Es klopft an der Tür und seine Assistentin kommt mit strahlenden Augen hinein. In ihrer Hand ein Geschenkpäckchen. Der Chef denkt sich freudig: „Mensch, bin ich ein toller Typ, meine Mitarbeiter bringen mir sogar Geschenke!" Voller Vorfreude packt er es aus und findet ein Buch. Ein Buch mit dem Titel: „Mein Chef ist ein Arschloch – Ein Überlebensbuch". Er ist geschockt. Damit hat er nicht gerechnet.

DIE FOLGE

Die Folge dieses besonderen Geschenkes war ein Umdenken. Der Schock war heilsam. Er, der dachte, ein König zu sein, kam hart auf dem Boden der Tatsachen auf.

Das Schlimme ist, dass sich viele Menschen von solchen Möchtegerns beeindrucken lassen. Vermeintlicher Erfolg und Luxus wirken so stark, dass kaum jemand erkennt, wie klein Möchtegerns in Wahrheit sind.

Auch ich wurde geblendet. Sehr oft sogar! Zu Beginn meiner mittlerweile 10jährigen Selbstständigkeit, saß ich so manchem Blender auf. Und der Preis war hoch. Es würde mich freuen, wenn Sie diesen Preis nicht zahlen müssen, darum schreibe ich dieses Buch.

Dieses Buch bringt Ihnen Klarheit und Bewusstsein über wahren Erfolg. Wer sind echte Vorbilder und wer nur Abbilder. Das zu erkennen war für mich lange Zeit sehr schwer. Menschen, die ich damals bewunderte, würde ich heute wohl eher belächeln. Sie sind mehr Schein als Sein. Doch dieser Schein ist so hell, dass einige wie die Motten zum Licht fliegen. Und so mancher verbrennt sich dort.

Ich möchte das wahre Licht erfolgreicher Menschen scheinen lassen. Der grelle Schein der Egozentriker und Narzissten soll dagegen verblassen.

Wolfgang Joop drückte es so aus: „Der Selbstbewusste fühlt sich überlegen, der Unsichere fühlt sich wie ein Wurm, der Narzisst fühlt sich wie ein überlegener Wurm!" Wollen Sie sich von einem Wurm beeinflussen lassen? Wollen Sie sich einem Wurm gegenüber klein fühlen?

Nachdem ich meine Lektionen gelernt hatte, war ich dazu nicht mehr bereit. Ich erkannte die Unterschiede und so galt es aufzuräumen, 'Aus-Schalter' zu drücken und auch Menschen aus meinem Umfeld wegzuschicken. Das ist ein teils schmerzlicher, aber notwendiger Prozess. Und ich stelle fest, ich kann tatsächlich gut auf diese selbstherrlichen Menschen verzichten. Mehr noch: Ich führe ein erfolgreiches Unternehmen, fühle mich sogar im Umgang mit schwierigen Personen wohl und kann sie gut führen.

Die Unterschiede zu erkennen, ist nicht immer leicht. Einige Blender könnten einen Oskar für ihr Schauspieltalent bekommen. Doch das

Aussortieren ist wirklich wichtig. Denn nur mit dem richtigen Umfeld erreichen Sie Ihre Ziele.

In diesem Buch zeige ich Ihnen, woran Sie wahren Glanz erkennen, damit Sie Schaumschlägern nicht auf den Leim gehen.

Schauen Sie zuerst, wo Sie stehen:

- ▸ Welche Menschen umgeben Sie?
- ▸ Geben sie Ihnen Energie oder nehmen sie Ihnen Energie?

Eine der wichtigsten Lektionen lautet: Sie müssen Energiefresser aus Ihrem Leben entfernen! Und zwar schnell.

Fragen Sie sich weiter:

- ▸ Wie viel Alpha steckt in Ihnen?
- ▸ Sind Sie zufrieden, wie Sie sich durchsetzen? Ihre Ziele verfolgen? Entscheidungen treffen? …

Keine Sorge, ich will Sie nicht zwingend zum Alpha machen. Ich möchte Ihnen aber die Vorteile aufzeigen. Entscheiden werden Sie selbst.

Und ich mache Ihnen die Entscheidung sogar noch etwas einfacher. 75 % der erfolgreichsten Unternehmer und Führungskräfte sind Alphas. Aufgepasst: Jede Medaille hat zwei Seiten. Ich spreche nicht von den überheblichen, egozentrischen Anführern. Ich spreche von wahren Führungspersönlichkeiten, die zwar den kleineren Teil stellen, aber echte Vorbilder sind.

Was wir wollen, ist, die positiven Eigenschaften zu übernehmen, ohne sich von negativen Charakterzügen korrumpieren zu lassen.

Da ist noch eine Warnung an alle zart Besaiteten: Ich werde in diesem Buch schonungslos offene Worte finden. Das Verhalten vieler Chefs und Führungskräfte aufdecken und kritisch hinterfragen.

Die Alpha DNA entschlüsselt

I

So sind sie wirklich!

Wussten Sie, dass Jürgen Klinsmann Träger des Bundesverdienst-kreuzes ist?

Er erhielt es für seine Leistungen als Bundestrainer.

Wer hätte das gedacht? Ein Bundesverdienstkreuz nach all den Diskussionen über ihn als Person, nach all der Kritik über seinen Trainingsstil, nach all dem Aufbegehren über seine Führungsarbeit – und doch wurde ihm diese Ehrung erteilt.

Sein Beispiel zeigt, wie sehr unkonventionelle Wege Widerstand hervorrufen. Alphas können ein Lied davon singen. Und auch alle anderen, die sich nicht sofort in eine Schublade stecken lassen, wissen was gemeint ist.

Willkommen auf Ihrem Weg, weg von den Idioten, hin zu den Idolen. Und auch, wenn Sie selbst nicht zum Alpha werden möchten, sollten wir vorab klären: Worum geht es überhaupt? Was ist ein Alpha?

Wikipedia weiß mehr und meint: Ein Alpha bzw. ein Alpha-Tier ist das Leittier einer Herde. Es ist in der Regel das kräftigste und erfahrenste Tier der Gruppe.

Alpha-Tier wird von Alpha, dem ersten Buchstaben im griechischen Alphabet abgeleitet. Das Alpha-Tier ist also das erste seiner Gruppe und steht in der Rangordnung ganz oben. Danach kommen die Beta-Tiere, ganz unten sind die Omegas.

Das war jetzt sachlich. Doch wie reagieren Sie emotional, wenn Sie an Alpha-Tiere denken? Welche Bilder haben Sie im Kopf? Was denken Sie über sie?

Ich verspreche Ihnen – die meisten Menschen denken gar nicht an ein Alpha, sondern an eine schlechte Kopie dessen, was einen Alpha ausmacht. Aber – was macht einen Alpha aus?

Furchtbar oder fruchtbar?
Der Umgang mit Alphas!

Wenn ich die Bezeichnung aus Wikipedia lese und sie mit meiner Geschichte am Anfang des Buches vergleiche, denke ich mir: „Wie passt das denn zusammen?" – Gar nicht! Und das ist auch das Problem.

Kennen Sie diese Großkotze, die meinen die Tollsten zu sein? Da frage ich mich, auf welcher Grundlage eigentlich? Das sind keine Alphas. Sie bezeichnen sich selbst gerne so, doch davon wird es nicht Realität. Es ist und bleibt eine große Illusion im Kopf des Großkotzes und eine gewaltige Irritation im Kopf des Gegenübers.

Ich erkläre Ihnen die Unterschiede, indem ich Sie in die Savanne entführe:

Nehmen wir einen Löwen und eine Hyäne. Der eine aufrecht und stolz, die anderen krumm und buckelig. Auf den ersten Blick ist klar, wer was ist und es ist auch sofort klar, dass sie nicht gleichzustellen sind. Eine Hyäne ist einfach kein Löwe. Und doch spielt sich die Hyäne gerne auf, als wäre sie der König der Tiere. Doch das ist sie nicht. Eine Hyäne ist kein König, sondern ein Aasfresser. Sie frisst das, was der Löwen übrig gelassen hat.

Kennen Sie auch diese Menschen, die anderen die Ideen klauen und dann als ihre eigenen verkaufen? Das ist typisch Hyäne! Ist das souverän? Nein! Haben sie damit Erfolg? Nur, wenn Sie es zulassen!

Ich will noch weiter gehen: Kennen Sie eine Broadway Show, die 'Der König der Hyänen' heißt? Wahrscheinlich nicht! Wer wollte das schon sehen?

Hyänen werden aber nicht einfach nur schlecht verkauft. Sie benehmen sich auch schlecht. Sie gehen mit allem und jedem in Konkurrenz, auch im eigenen Rudel. Sogar mit ihren eigenen Geschwistern beißen sie harte Statuskämpfe aus und in der Wirtschaft leiden Kollegen unter anstrengenden Machtkämpfen. Der Hyäne kann nichts groß genug sein, ob Haus, Auto oder Uhr, alles dient der Darstellung: „Ich bin mehr!"

Und es geht noch schlimmer. Hyänen haben die unfeine Art, ihre Beute nicht nur grundsätzlich unter den Schwächsten zu suchen, sondern sogar unter den Schwächsten des eigenen Rudels. Da spielt es keine Rolle, ob das eigene Rudel dabei Schaden nimmt, solange die Hyäne für diesen kurzen Moment profitiert.

Ich sage Ihnen, da hilf nur eines, sorgen Sie für sich und Ihre gute Stellung im Rudel, damit kein Großkotz auf die Idee kommt, auf Sie loszugehen.

Und mal ehrlich:

‣ Wie fühlen Sie sich, wenn eine Hyäne vor Ihnen steht?

‣ Fühlen Sie sich gut geleitet?

‣ Fühlen Sie sich eingeschüchtert?

Mittlerweile bin ich nicht mehr eingeschüchtert, sondern nur noch genervt. Resistent zu sein, ist hier wirklich nützlich. Es kann auch sehr helfen, wenn einem diese Typen egal sind – die wichtigsten Strategien zur Ignoranz von Hyänen werden wir uns noch anschauen.

Nehmen wir Führungskräfte vorab unter die Lupe. Ein großer Teil von ihnen erinnert mich stark an Hyänen. Manche mögen es sein, manche müssen es sein und manche möchten es sogar sein. Offenkundig fehlt ihnen die Wahrnehmung für ihr Verhalten. Zwar sind sie selbst auch Opfer ihrer mangelnden Selbstreflexion, ihre Mitarbeiter aber leiden um so mehr. Logisch, dass diese Mitarbeiter auch schlecht über Hyänen-Führungskräfte denken. Und nicht selten übertragen sie ihre negativen Erfahrungen grundsätzlich auf alle Führungskräfte. Denn neben einer Hyänen-Erfahrung ist oft kein Platz mehr, für die Hoffnung auf einen echten Alpha.

Doch Achtung: Eine Hyäne ist kein Alpha, eine Hyäne ist kein Löwe – eine Hyäne ist ein Aasfresser.

In der freien Wildbahn der Wirtschaft habe ich vier Arten der Gattung Hyäne entdeckt: Bestimmer, Umsetzer, Planer und Visionär.

DER BESTIMMER

Er zieht durch, was er sich in den Kopf gesetzt hat. Der Bestimmer bringt die Dinge zu Ende, koste es, was es wolle. Dabei strahlt er Erfolg aus und das wiederum beeindruckt sein Umfeld.

Nicht wenige fühlen sich von ihm angezogen und eifern ihm nach. Sie möchten sein wie er!

Der Bestimmer fordert sein Umfeld. Er fordert Höchstleistung – von sich und allen anderen – und neigt dazu, Grenzen zu überschreiten – seine eigenen und die der anderen.

Läuft es nicht so, wie er sich das vorstellt, wird er forsch und ungehalten.

Gern geht er in Konkurrenz – um genau zu sein, mit allem und jedem. Das macht ihn zum Einzelgänger, was ihn herzlich wenig berührt. Für ihn zählt nur der Wettkampf.

Der Bestimmer spielt ausschließlich nach seinen Regeln. Wer nicht mitmacht, wird erfahren, dass es keine gute Idee ist, sich ihm in den Weg zu stellen oder auch nur auf seinem Weg nach oben zu stören.

Solange der Bestimmer nicht lernt, mit einem Mindestmaß an Feingefühl zu agieren, wird er erfahren, dass er sich selbst alles, was er sich einst mühevoll aufbaute, mit seiner Brachialität wieder einreißt.

Will ein Bestimmer Menschen dazu bringen, seine Ziele zu unterstützen, muss er hart an sich arbeiten. Die Selbstreflexion steht hier an erster Stelle.

DER UMSETZER

Er ist ein Macher, ein Anpacker, ein Umsetzer. Er packt an, wovor andere weglaufen.

Dabei treibt er natürlich positive Dinge voran, schreckt aber auch nicht davor zurück, negative Botschaften zu überbringen. Alles, was ihn – nicht die anderen – weiterbringt, wird gemacht! Er bewegt Menschen – zu seinen eigenen Zielen.

Der Umsetzer erwartet von seinem Umfeld zu viel und ist dabei kleinlich und kritisierend. Ein Lob auszusprechen fällt ihm mehr als schwer und entsprechend sinkt die Motivation aller Beteiligten, wenn sie überhaupt jemals auf die Beine gekommen ist.

Der Umsetzer hat eine Art der Führung, die nicht funktionieren kann, was sich an folgendem Beispiel gut veranschaulicht.

Der ehemalige Siemens Vorstandsvorsitzende Klaus Kleinfeld legte trotz heftigen Gegenwindes die Festnetz- und Mobilfunksparten der Siemens AG zu einem neuen Geschäftsbereich zusammen.

Das allein ist sicherlich kein Kriterium für gute oder schlechte Führung. Dass es ihm aber so gar nicht gelang, den verlustbringenden Teil des Geschäftsbereiches aus eigener Kraft zu sanieren, darf man ihm anlasten.

Und so wurde nur ein Jahr später eben dieser Verlustteil an das taiwanische Unternehmen BenQ Corporation abgetreten. Dabei versprach Kleinfeld, dass die Arbeitsplätze sicher seien. Doch was passierte? Mehrere Tausend Mitarbeiter wurden entlassen, nachdem auch BenQ insolvent gingen.

Das ist alles nicht schön. Ein besonderer Makel aber fällt auf den Fakt, dass er für eben diese Fehlentscheidung eine deftige Gehaltserhöhung erhielt – satte 30% nochmal auf ein Spitzengehalt oben drauf.

Ein Aufschrei ging durchs Land, und – verhallte.

Diese Führung zum Fürchten, bei der Mitarbeiter Angst um ihren Arbeitsplatz haben und sich ohnmächtig abgehobenem Management ausgesetzt sehen, unterhöhlt unsere Arbeitswelt.

Und ob diese Führung in großen Konzernen oder kleinen Bauchläden betrieben wird – das Ergebnis bleibt gleich: Furchtbar statt fruchtbar.

Solange der Umsetzer nicht lernt, seiner Verantwortung gerecht zu werden und dabei mit beiden Beinen auf dem Boden der Tatsachen zu bleiben, wird er immer wieder große Crashes verursachen.

Es ist sein Job, den Menschen gegenüber Respekt zu wahren, Wertschätzung zu geben und den Bedürfnissen der ihm Anvertrauten gegenüber achtsam zu sein.

Gelingt ihm dies, dann wird er in seinem Umfeld die Leidenschaft entfachen, die er sich wünscht.

DER PLANER

Und noch eine Hyäne, die gern Löwe wäre.

Der Planer will Zahlen, Daten, Fakten. Das ist seine Welt, das ist seine Währung.

Für ihn ist klar, wie alles zu funktionieren hat, denn er hat einen Plan. Er hat sich überlegt, wie er seine großen Ziele erreichen will und jetzt zieht er es durch. Und noch eines ist klar für ihn – sein Weg ist der richtige, für ihn, für alle, für die Welt. Er weiß Bescheid.

Und so lässt er nichts anderes gelten. Sein Motto: „Nett, dass Du eine Meinung hast, solange Du meine lebst!"

Sicherlich kann der Planer eine ganze Menge, aber auf seine Mitarbeiter hören, dass will und kann er nicht.

Und so sieht das in der Wildbahn der Wirtschaft dann auch aus:

Trotz lauter Kritik von Mitarbeitern und Anteilseignern wurde im Konzern Karstadt|Quelle (Arcandor) die geplante Onlinestrategie nicht gewissenhaft umgesetzt. Die alten Herren aus dem Management wussten es angeblich besser. Das Ergebnis war und wird es immer sein: Wer nicht mit der Zeit geht, der geht mit der Zeit!

Wundert es da, dass Arcandor laut einer wissenschaftsfähigen Studie als unfairster Arbeitgeber gilt?
(Die Studie wurde am 23. März 2009 von der Zeitschrift Manager Magazin veröffentlicht. Der Deutsche Führungskräfteverband bewertete durch 1.000 Fach- und Führungskräfte die bekanntesten Arbeitgeber Deutschlands.)

Wenn der Planer nicht lernt, dass er selbst und auch seine Pläne regelmäßigen Updates zu unterziehen sind, wird er regelmäßig scheitern. Zum Update gehören Selbstreflexion und Selbstaktualisierung durch Lernen und Feedback seines Umfeldes.

Der Visionär

Die vierte und letzte Art der Gattung Hyänen ist der Visionär. Ein wahrer Künstler, wie er sich und die Zukunft in den größten und schönsten Bilder malt.

Seine Leidenschaft und seine Zukunftsbilder stecken alle an. Wortgewandt und kreativ wickelt er sein Umfeld um den Finger. Leider verliert er sich nur allzu oft in seinen Märchenschlössern. Es fehlt ihm am Bezug zur Wirklichkeit.

Typischerweise sieht sich der Visionär weiter als er ist. Und seine Bilder sind ihm so wichtig, dass er keine Widerworte duldet.

Der bekannteste Visionäre unserer Zeit ist wohl Steve Jobs. In den Medien liest man Überschriften wie: „Was man von Steve Jobs lernen kann!" Doch das ist nur eine Seite der Medaille.

Als Arbeitgeber war er schwierig. Das sagt auch Jon Katzenbach (selbstständiger Autor): „Jobs konnte sich schnell für Menschen begeistern. Aber diese Begeisterung verflog auch schnell wieder!"

Seine Teams soll er so stark gefordert haben, dass ihre Leistungsfähigkeit oft über das Mögliche hinausging. Seine Lieblinge hob er auf den Thron. Den Erfolgreichsten bei Apple hat er so zu sehr viel Anerkennung verholfen. Andere aber waren damit überfordert und haben an Leistung verloren. Forsche und abwertende Aussagen waren an der Tagesordnung. Jetzt sagen Sie vielleicht: „Apple hat das nicht geschadet!" Dem Unternehmen nicht, aber den Mitarbeitern. Und musste das sein? War das nötig? Wer also kommt für den Preis des Erfolges auf?

Wenn der Visionär nicht lernt, den Ist-Zustand zu erkennen und auch anzuerkennen, wird er nicht in der Lage sein, sich ohne Beschönigung selbst zu reflektieren. Erst dann können ihm alle Menschen in seinem Umfeld folgen.

Und hier kommen wir an ein Naturgesetz, das den Hyänen eine bittere Wahrheit ist: Führen geht nur mit Folgern, also Menschen, die bereit sind ihnen zu folgen.

Jetzt denken Sie vielleicht: „Na, wenn das so ist, dann will ich gar nicht die Eigenschaften eines Alphas haben!"

Noch einmal: Hyänen sind keine Alphas!

Hyänen sind Möchtegerns, reine Möchtegern-Alphas und das ist ein sehr großer Unterschied.

Dieses Buch liefert Ihnen eine neue Sichtweise und viele Analysewerkzeuge sowie Handlungstipps zum Umgang mit Hyänen. Und dieses Buch gibt einen guten Blick auf wahre Alphas.

Auf geht's: Kommen Sie Blendern auf die Schliche und erkennen Sie echte Führungspersönlichkeiten, also wahre Alphas.

WAS WÄRE IHRE VORGEHENSWEISE?

Geben wir zwei Führungsstile auf den Prüfstand: Schlecker vs DM Drogeriemarkt.

Führungsstil SCHLECKER: Seit 1994 ist die Drogeriekette Schlecker Marktführer mit über 1.000 Filialen allein in Deutschland. Im Jahr 2008 machten etwa. 50.000 Schlecker-Mitarbeitern europaweit in mehr als 14.000 Filialen einen Umsatz von über 7 Milliarden Euro.

Und dennoch, auf dieser Erfolgsgeschichte liegt ein Schatten.

1998 wurden Anton und Christa Schlecker höchstrichterlich verurteilt. Das Landgericht Stuttgart sah es als erwiesen, dass das Ehepaar Schlecker seine Mitarbeiter vorsätzlich betrogen hatte. Schleckers gaukelten ihren Mitarbeitern vor, nach Tarif zu zahlen, doch die Löhne lagen weit darunter.

Das Urteil – eine Freiheitsstrafe von je zehn Monaten auf Bewährung, zuzüglich einer Geldstrafe in Höhe von einer Million Euro – spricht eine deutliche Sprache.

Und dennoch, der Aufstieg hielt an. Erst 2011 kamen sie auf die Idee, ihren schlechten Ruf in Sachen Arbeitnehmerrechte aufzupolieren. Doch das taten sie mit ihrem ureigenen Ungeschick: Die neuen Führungsansätze sollten den Umgang zwischen Vorgesetzten und Mitarbeitern strenger regeln. Das sollte Konflikten vorbeugen und das Image aufpolieren. Doch der Interessenwandel kam nur scheinbar und zu spät. Anfang 2012 wurde die Insolvenz eingereicht.

Es geht auch anders.

Im Vergleich der Führungsstil DM DROGERIEMARKT: Das erste Geschäft eröffnete Firmengründer Götz W. Werner 1973 in Karlsruhe. Vierzig Jahre später, im Januar 2013, stand DM Drogeriemarkt auf Platz 500 der größten Familienunternehmen, so das Wirtschaftsblatt.

Der dortige Führungsstil ist sehr kooperativ. Er setzt auf flache Hierarchien und große Entscheidungsspielräume für die Mitarbeiter. Götz W. Werner sagt, ihm sei das Arbeitsklima wichtiger, als der Profit. Und der Erfolg gibt ihm Recht, denn der Profit bleibt offenkundig nicht aus.

Und das hängt damit zusammen, dass der Gründer Götz W. Werner schon früh mit seiner Führungsphilosophie beginnt. Während an herkömmlichen Berufsschulen der Schwerpunkt auf der allgemeinen Ausbildung für Einzelhandelskaufleute liegt, spezialisierte Götz W. Werner seine Lehrlinge auf drogeriespezifische Fachkenntnisse. Dabei nutzt er auch unkonventionelle Methoden wie Theaterworkshops, um die kommunikativen Fähigkeiten der Auszubildenden zu fördern.

Und? Fragen Sie sich noch, warum wer überlebt hat?

Der richtige Umgang mit Menschen ist entscheidend für den Erfolg. Menschen folgen Perspektiven und Visionen. Und sie folgen gern, wenn sie sich nicht gejagt fühlen.

Notieren Sie hier die Personen, die Sie als wahre Alphas wahrnehmen.

Hier sollen und dürfen Sie pingelig sein. Prüfen Sie, ob es sich hierbei um einen echten Alpha oder um eine Mogelhyäne handelt.

▸

▸

▸

▸

▸

TIPPS

▸ Hinterfragen Sie Führungsverhalten grundsätzlich kritisch.

▸ Unterscheiden Sie Löwen von Hyänen.

▸ Lassen Sie sich von Hyänen nicht beeindrucken.

ABBILD ODER VORBILD?
SIE HABEN ES IN DER HAND!

Die größte Herausforderung besteht wohl darin, sich nicht von Hyänen beeindrucken zu lassen, obwohl diese gern imponieren. So mancher läuft daher einem Idealbild hinterher, das dem der Hyäne entspricht. Zu den wahren Alphas dagegen besteht ein himmelweiter Unterschied. Zumal sich – leider immer erst im Nachhinein – herausstellt, dass im Kontakt mit Hyänen nichts ideal ist oder war – für keine Seite. Und das wundert nicht, denn eine Kopie ist immer schlechter als das Original. Das gilt für die schlechte Kopie eines Alpha, also für eine Hyäne, um so mehr.

Daher gilt: Inspirieren – nicht kopieren – ist der Weg!

Das gilt auch für dieses Buch. Lassen Sie sich inspirieren. Prüfen Sie, was zu Ihnen passt. Hinterfragen Sie und integrieren Sie Neues Stück für Stück.

Modelling of Excellence aus dem NLP – dem Neuro Liguistischen Programmieren – ist ein Schlüssel dazu. Diese Technik befähigt Sie, Strategien erfolgreicher Personen zu integrieren.

Noch einmal, es geht nicht darum zu kopieren, sondern darum zu integrieren. So modellieren Sie beispielsweise die Fähigkeiten zu verhandeln, zu verkaufen, zu führen. Alles was Sie brauchen, um nachhaltig erfolgreich zu sein. Sie tauchen mit Modelling of Excellence tief in die Denkstruktur Ihrer Vorbilder ein, denn es ist wichtig, zu verstehen wie Ideale ticken.

Konfuzius sagte: „Der Mensch hat dreierlei Wege klug zu handeln: erstens durch Nachdenken, das ist der edelste, zweitens durch Nachahmen, das ist der leichteste, und drittens durch Erfahrung, das ist der bitterste."

▸ Welchen Weg möchten Sie gehen?

In diesem Buch öffne ich die Türen zur Denkweise der wahren Alphas (Löwen). Und wir müssen uns sehr genau mit der Denkweise der falschen Alphas (Hyänen) beschäftigen, um ihnen nicht auf den Leim zu gehen. Im Gegenteil, wir wollen ihnen auf die Schliche kommen.

Und während Sie sich durch dieses Buch hindurch lesen, eröffnen sich Ihnen neue Möglichkeiten. Scannen Sie mit neuen Erkenntnissen Ihr Umfeld. Und natürlich auch sich selbst! Nehmen Sie förderliche Eigenschaften an und werfen Sie hinderliche über Bord.

Sie entscheiden, wer Sie sind, was Sie sind und wie Sie sind. Sie entscheiden auch, wie Sie auf andere reagieren, ob Sie sich überlegen oder unterlegen fühlen. Und: Sie entscheiden, welche Fähigkeiten Sie zusätzlich erlangen möchten.

Kennen Sie den Spruch: „Das muss bei ihm in den Genen liegen!" Das sagt man gern zu erfolgreichen Menschen. In der Konsequenz bedeutet dieser Satz aber: „Wer das nicht in den Genen hat, kann es nicht schaffen." Ist das wirklich so? Ich sage ganz klar: „Nein!" Und das sage nicht nur ich.

Der Zellbiologe Dr. Bruce Lipton bringt es in seinem Buch „Intelligente Zellen: Wie Erfahrungen unsere Gene steuern" auf den Punkt. Er sagt: "Die Umwelt stellt den Nährboden der Entwicklung dar." Heißt: Man kann sich zwar nicht aussuchen mit welcher DNA man geboren wird. Seit einigen Jahren ist jedoch erwiesen, dass sich der genetische Code nicht nur durch zufällige Mutationen, sondern auch durch die Reaktionen des Umfeldes ändern kann.

Dazu macht er folgendes Experiment: Er gab identische Zellen auf unterschiedlichen Nährböden. Und, siehe da; sie entwickelten sich unterschiedlich! Ein Nährboden brachte Muskelzellen hervor, der andere Knochenzellen und ein weiterer die ungeliebten Fettzellen. Dr. Bruce Lipton hatte nachgewiesen: der Nährboden macht den Unterschied!

Unser Nährboden ist unser Umfeld. Es prägt uns, bis in die Zellstruktur hinein, bis in unsere DNA. Und damit hört es noch nicht auf.

Der logische Schluss lautet: Verändern Sie Ihr Umfeld, verändern Sie Ihre DNA. Zugegeben, der Prozess ist von Länge. Dennoch ist er von Bedeutung. Auch die Verhaltenstherapie lehrt, dass verändertes Verhalten veränderte Ergebnisse herbeiführt. Damit dies von Dauer ist, braucht es aber nicht nur verändertes Verhalten, sondern auch ein verändertes Umfeld – einen veränderten, besseren Nährboden für Ihren Charakter.

Wir sind nicht Opfer unseres Charakters. Die Psychologie und die Epigenetik lehren uns, dass wir unseren Charakter modellieren können. Tun Sie es!

Dabei wählen Sie frei, wie es Ihnen beliebt. Und Sie geben sich dazu bitte die Zeit, die Sie dafür brauchen. Aber tun Sie es. Und sie werden eines brauchen, eine Schlüsselkompetenz der Alphas: Disziplin.

Beginnen wir jetzt mit der förderlichen Veränderung und entschlüsseln wir die Alpha-DNA.

Notieren Sie hier, welche Ihrer Fähigkeiten Sie ausbauen und welche Sie dazugewinnen möchten.

▸

▸

▸

▸

▸

Tipps

▸ Wenn Sie andere Ergebnisse erzielen möchten, dann verändern Sie Ihr Verhalten.

▸ Suchen Sie geeignete Vorbilder, um sich positiv zu inspirieren.

▸ Modellieren Sie die Fähigkeiten, die Sie ausbauen möchten.

Stillos oder stilsicher?
Das macht den Unterschied!

Alles ist eine Frage des Stils – nicht nur in der Mode. Wahre Alphas haben Stil – vor allem im Umgang mit Menschen.

Und hier haben wir ein weiteres untrügliches Unterscheidungskriterium: Es ist dieser unfehlbare Stil, der den Hyänen fehlt. Die Egozentriker unter ihnen meinen ihn zu haben, doch die Grobmotorik im Umgang steht ihnen im Weg. Den Cholerikern unter ihnen, die meinen ihn nicht zu brauchen, steht die Aggression im Weg. Allerdings sind freche Forderungen, Lautstärke und blinde Aktionen kein Zeichen von Macht, im Gegenteil!

Hier ein selbsterlittenes Beispiel für den 'interessanten' Umgang mit einer Hyäne im Seminar-Umfeld:

Ich bin mal wieder im Seminar und damit wichtig 'auf Weiterbildung'. Und nicht nur ich, nein, alle sind gekommen, um etwas zu lernen. Denkste!

Ein Teilnehmer schießt quer. Er weiß – meint er – alles besser als der Referent. Seine schräge Selbsteinschätzung drängt er dabei allen auf, indem er minütlich mit Zwischenkommentaren zu zeigen sucht, was er alles drauf hat. Das ist störend, das ist uncool, das ist Hyäne!

Dieser Wichtigtuer geht einem einfach nur auf die Nerven. Heimlich hofften wir, dass die Seminarleiterin ihm 'einen vor den Koffer' gibt. Aber das war natürlich nicht ihr Job.

Zurück zu meinem Job. – Wie das Leben so spielt, suchte ich wenige Wochen später einen Experten. Und eine Kollegin empfahl mir ... na, wen glauben Sie? Tatsächlich, diesen Schwachmaten. Bei aller Liebe, schätze ich die Meinung dieser Kollegin sehr, doch glauben Sie, dass ich diese Person gebucht hätte? Im Leben nicht. Aus Prinzip nicht. Bei meinem Leben nicht!

Es ist für mich schlicht eine Frage des Prinzips: „Wer es nötig hat, andere schlecht zu machen, kann selbst keine guten Leistung bringen."

Eines ist mir aufgefallen: Ganz oben strahlt die Sonne.

Wer oben ist, braucht nichts weiter zu machen, um zu glänzen. Nur, die, die unten sind, kommen auf die Idee, mit Druck nach oben gehen zu wollen. Leider ist dies in vielen Unternehmen die gängige Aufstiegsmethode.

Solche Vorgesetzte führen mit Druck. Demotivation bis hin zur Depression sind die Reaktion auf den Führungsterror solch kleingeistiger Hyänen.

Wann immer etwas nicht so läuft, wie die Hyäne es sich wünscht – also fast immer – wird mit Abwertung reagiert. Und das trifft alle, die sich von diesem Fehl-Verhalten einschüchtern lassen.

Um es auf den Punkt zu bringen: dies ist kein Zeichen sinnvoller Führung, geschweige denn einer machtvollen Position. Dies ist ein Zeichen der Ohnmacht, die sich machtvoll kaschiert. Dies ist ein Zeichen von Mangel an Selbstkontrolle.

Wollen Sie weitere Unterscheidungskriterien zwischen Hyäne und Löwe, zwischen Möchtegern und Alpha?

Schauen wir zu den Statussymbolen? Je mehr jemand – insbesondere gesteigerten – Wert auf Statussymbole legt, desto näher liegt die Vermutung, dass dies ein Ersatz für Souveränität ist. Und mit dieser Vermutung liegen Sie richtig! Status-Symbol oder Selbst-Bewusstsein, das ist doch die Frage.

Sehen Sie auch regelmäßig die großen Schlitten vor den Clubs, Hotels und Unternehmen? Die Fahrer scheinen bedauerlicherweise gehbehindert zu sein oder warum werden die Luxuskarossen unmittelbar vor dem Eingang geparkt? Kommt es wohl eher darauf an, dass sie auch von jedem gesehen werden?

Die Hyäne schreit mit jeder Verhaltensweise: „Siehst Du mich, siehst Du mich wirklich?!"

Da fragt sich doch der selbstbewusste Bürger: „Was soll das?" – Ganz einfach. Die Hyäne spürt, dass da nicht viel ist in Sachen

Selbstbewusstsein, daher muss sie alles gleich auf aggressionsrot setzen, um ihr Spiel machen zu können. „Sieh' her, ich habe es zu etwas gebracht. Und sieh' bloß schnell her, bevor ich es womöglich wieder auf's Spiel gesetzt habe und es fort ist."

Hier eine Kommentar an die Kritiker: Nein, ich habe nichts gegen große Autos, teure Uhren oder Labelkleidung. Ich liebe schöne Dinge. Aber doch bitte mit Stil. Mein Graus ist, dass die Hyänen vieles sind, doch im Umgang miteinander sind sie nicht schön anzusehen. Das ist mein Problem!

Ich bin der Meinung, wer hat, der hat, und der wird damit nicht aufdringlich.

Das aber ist das Verhaltenskonzept der Hyänen – die Aufdringlichkeit, die Übergriffigkeit, die Überempfindlichkeit.

Kommen Sie mit mir auf einen Ausflug in das Büro einer typischen Hyäne. Was sehen wir da?

Statussymbole, wie zum Beispiel Gemälde an der Wand, die aber nicht die Persönlichkeit widerspiegeln, sondern das Ego. Wie man das so einfach erkennen kann? Frage: Sind dort auch eine Menge Selfies vorhanden? Bestmöglich noch mit beeindruckenden Persönlichkeiten oder solchen, die es sein möchten? Da sind Selbstporträts mit dem Bürgermeister, mit Promis aus der C-Kategorie, weil es für die B-Kategorie gar nicht reicht und über die A-Promis brauchen wir gar nicht erst zu sprechen.

Und ist da noch freie Fläche an der Wand? Nein, da sind tausend Zettel und Zertifikate. Gern auch gekaufte Awards, Pokale und weitere Möchtegernkunstwerke.

Wer nun meint, dass es der Hyäne mehr um die Selbstdarstellung geht, als um das Sich-Wohl-Fühlen, hat das Wesen der Hyäne noch nicht verstanden. Die Hyäne fühlt sich nur wohl, wenn sie sich gnadenlos selbst darstellt. Das ist ihr Wohlfühlmodus!

Und damit haben wir ein weiteres wichtiges diagnostisches Kriterium: Eine Hyäne zeichnet sich durch eine hohe Ich-Dichte im Gespräch aus.

TIPP

Bei aller Bescheidenheit. Möchten Sie eine Hyäne dazu bringen etwas für Sie zu tun?

Das ist gar nicht so schwer. Sprechen Sie mit ihr über ihre heißgeliebten Statussymbole. Schleimen Sie sich gnadenlos ein. Beklatschen Sie ihre kümmerlichen Erfolge und die Hyäne wird ein zahmes Schoßhündchen.

Aber Achtung: By god, do plan time for this! Sie müssen fur eine solche Aktion nicht nur Nerven, sondern vor allem Zeit mitbringen. Denn die Hyäne spricht gern, grundsätzlich und gnadenlos lange über die einzig wahre Weltmacht mit drei Buchstaben: ICH!

Ihr Gewinn? – Ein guter Draht zum Durchgeknallten. So gut man den eben zu einer Hyäne haben kann.

Trotz der Gefahr der Wiederholung: Der Lärm der Hyänen ist reine Fassade. Und manchmal ist sie auch noch schlecht verputzt. Diese Typen möchten nicht zeigen, was in ihnen vorgeht. Im Gegenteil, all dieser Firlefanz, all die Facinators dienen einem einzigen Zweck: sie sollen das fehlende Innenleben kaschieren. Da die Hyäne nur über wenig Selbstwert verfügt und innere Werte nicht kultiviert, muss sie sich mit äußeren Werten schmücken.

Und weiter geht's in Dr. Friess' Diagnostik zur Hyänen-Detektion: Die Hyäne an sich und als solche, folgt einem besonderen Wahrnehmungsphänomen: sie nimmt nur die Impulse wahr, die sie scheinbar erfolgreicher machen.

Was bedeutet das? Sie ist unfähig Kritik anzunehmen, insbesondere die, die wertvolle Weiterentwicklungsimpulse enthält. Da sie überzeugt ist, besser als alle anderen zu sein. So schrumpft das wohlwollend kritisch hinterfragende Umfeld. Und ersetzt sich durch profitable Hyänen-Schmarotzer. Gleich und gleich gesellt sich halt gern. Sprich: 'JA-Sager' haben Konjunktur und Verführer auf der Gegenseite verleiten zur 'road to ruin', die die Hyäne sich selbst gern als 'road to success' verkauft. Hier soll es keine Widerworte geben. Hier soll beklatscht werden was ist, nicht was sein könnte. Dies ist die abgehalfterte Straße der Ewig-Gestrigen, der C-Promis, der Möchtegerns und der Ausbeuter. This is the American Hustle!

Für den Fall, dass Sie dennoch mit einer Hyäne zusammenarbeiten wollen oder müssen. Hier ein paar Überlebens- und Überzeugungstipps:

- ‣ Verschaffen Sie sich Gehör.
- ‣ Stehen Sie zu Ihrer Meinung.
- ‣ Hinterfragen Sie die Aussagen der Hyänen grundsätzlich.
- ‣ Bereiten Sie Ihre Argumente gut vor. Einfaches Widersprechen reicht nicht.
- ‣ Sie müssen die Hyäne von Ihrer Meinung überzeugen.

Und genau das ist für die netten Leistungsträger unter Ihnen die schwerste Übung.

Sind Sie ein solches Arbeitstier? Auf nett und lieb programmiert? Ihre Arbeit und die damit verbundene Verantwortung sind Ihnen wichtig? Sie sind und handeln gewissenhaft und jede Ihrer Tätigkeiten ergeben Sinn?

Wow. Ganz ehrlich? Sie sind super! Und doch werden Sie es wirklich schwer haben mit den Hyänen dieser Welt. Warum? Weil die Hyäne Sie unter Vorspiegelung falscher Tatsachen ausbeuten und verhungern lassen wird, wenn Sie nicht aufpassen.

Es wird nicht nur einmal passieren, dass die Hyänen Ihnen zuraunt: „Wenn du immer das tust, was ich sage und wenn du wirklich hart arbeitest, dann bist du irgendwann nicht mehr Nummer zwei, sondern Nummer eins."

Und in dieser Hoffnung schuften Sie sich fast zu Tode. Darf ich ehrlich zu Ihnen sein? Sie werden maximal die Nummer zwei bleiben – immer.

Stimmt es oder stimmt es nicht? Je weniger Anerkennung Sie von Ihrer Hyänen bekommen, desto mehr strengen Sie sich an?!

Sie möchten weiterkommen, doch die Hyäne hat genau das niemals vorgesehen. Da mag sie Ihnen die Möhre noch so sehr vor Augen halten, das alles sind reine Versprechen. Denn solange Sie noch an die Möhre glauben, so lange schuften Sie allein für die Hyäne, statt für sich selbst.

Schauen Sie hinter die Fassade. Hinter die Fassade der Hyäne, wie auch hinter Ihre eigene Fassade, die Fassade des Arbeitstieres. Ehrgeiz und übertriebene Schaffenswut resultieren häufig aus abwertenden Erfahrungen in der Vergangenheit. Die Hyäne kompensiert und auch das Arbeitstier kompensiert. Beide auf unterschiedliche Weisen, doch in ihrer Wurzel verstehen sie sich. In der Psychologie spricht man von einem 'Vaterkomplex', wenn das Verlangen nach Anerkennung und Aufmerksamkeit bei allen Tätigkeiten im Vordergrund steht. Innerlich fühlt man sich klein und will endlich beweisen, mehr zu sein, als die alten Erfahrungen glauben machen.

Durchschauen Sie das Spiel und es wird Ihnen nicht nur leicht ums Herz, sondern auch im Umgang mit Hyänen.

Und damit ist die Frage beantwortet: Sind Hyänen Vorbilder oder nur schlechte Abbilder? – Letzteres, denn wahre Macht hat es nicht nötig, andere auszunutzen.

Notieren Sie die Personen, in deren Gegenwart Sie sich 'klein' fühlen.

Nehmen Sie sich die Zeit, genau zu prüfen, woher das kommt und was diese Person für Sie ausstrahlt und in Ihrem Herzen bewirkt.

▸

▸

▸

▸

▸

TIPPS

▸ Lassen Sie sich nicht von Statussymbolen blenden.

▸ Schauen Sie hinter die Fassade der Hyänen.

▸ Nutzen Sie das Ego der Hyänen, um Ihre Ziele zu erreichen.

Laut oder leise?
Das ist wahre Macht!

„Herrje, immer dieser Lärm. Kann das nicht mal jemand abstellen?",
denkt sich der Löwe. Wieder mal ist da ein Aufstand. Wieder mal
prügeln sich Hyänen und Erdmännchen um Beute. Wieder mal gibt
es gewaltigen Krawall.

Wahre Alphas dagegen sind gelassen – wie ein Löwe – stark und
souverän. Oder haben Sie schon einmal einen Löwen schreien hören? Das machen sie nur, wenn es wirklich sein muss. Sonst ist ihnen das viel zu anstrengend.

Wenn sie dann aber loslegen, dann richtig. Laut wie bei einem
Rockkonzert mit 150 Dezibel. Da wird jeder Möchtegern ganz klein
mit Hut. Ist alles gesagt, wird der Sache keine weitere Beachtung
mehr geschenkt. Denn ein Alpha konzentriert sich gleich wieder auf
die nächste Beute, das nächste Projekt, den nächsten Job. Und natürlich liebt ein Löwe seine Auszeiten unter einem schattigen Baum.
Warum auch nicht. Es geht nicht darum, mehr und immer noch
mehr zu machen. Es geht darum, das Richtige zu machen.

Und nun kommen wir wieder zu einem wesentlichen Unterschied.
Ausnahmsweise nicht der Unterschied zu den Hyänen, sondern zu
den Arbeitstieren.

Arbeitstiere konzentrieren sich darauf, bestmöglich allen Ansprü-
chen gerecht zu werden. Denn sie sind der Überzeugung: Viel tun
bringt viel Anerkennung!

Diese Überzeugung ist unsinnig. Sie macht aber insofern Sinn, als
es die Hyänen sind, die den Arbeitstieren diesen Unfug gezielt ein-
trichtern. Warum? Weil sie davon profitieren, wenn Arbeitstiere alles
ohne Widerworte erledigen.

Und die Löwen? Gehen sie mit Arbeitstieren auch so um? Eindeutig
– und für viele erstaunlicherweise – nicht! Warum? Weil ein Löwe
nachhaltig denkt! Ein Löwe, ein Alpha, verlangt Leistung von seinen
Mitarbeitern. Doch er wird in ihnen die Überzeugung pflanzen: „Das

Richtige zu tun, das bringt Anerkennung!" Natürlich wird er auch darauf bestehen, dass seine Mitarbeiter viel von dem Richtigen tun. Schließlich ist er stark leistungsorientiert. Dennoch ist seine Zielsetzung eine vollkommen andere.

‣ Eine Hyäne spannt ihre Arbeitstiere vor ihren Ego-Karren, für egoistische und eigennützige Ziele.

‣ Ein Löwe verlangt Leistung für das Gemeinwohl.

Alphas möchten konstruktiv und erfolgsorientiert mit Menschen arbeiten. Und ihre Souveränität zeigt sich auch darin, dass sie Menschen so behandeln, wie diese in ihren Fähigkeiten sein könnten, nicht wie sie es aktuell noch sind. Jede gute Führungskraft weiß das. Und die Guten wenden es auch an: „Behandle deinen Mitarbeiter schon jetzt so, wie er werden kann und nicht so, wie er jetzt noch ist." Für diese Einstellung braucht es Souveränität. Für dieses Führungsverhalten braucht es die Fähigkeit, Potenziale zu erkennen.

Für all das muss man sich Zeit nehmen. Und das tut ein Löwe. Er begegnet seinen Mitarbeitern auf Augenhöhe. Sein Ziel ist es, das Beste aus jedem Einzelnen herauszuholen. Denn er hat eines verstanden: Er selbst kann nur so gut sein, wie das schwächste Mitglied seines Teams. Er weiß, wenn er seine Ziele erreichen möchte, braucht er starke Verbündete. Die einfachste Variante ist es, diese Verbündeten selbst zu fördern. Und das geht am einfachsten, indem man bereits von Anfang an das größtmögliche Potenzial in seinem Gegenüber sieht.

Einer meiner früheren Vorgesetzten war genau so, wie ich Ihnen einen Alpha beschrieben habe. Und ich kann sagen, dass ich einen großen Teil meines Erfolges mit Sicherheit ihm verdanken kann.

Ich war zwanzig Jahre jung und völlig unerfahren in der Selbstständigkeit. Er aber erkannte sehr schnell mein Potenzial und hatte immer ein offenes Ohr für mich und meine – teils verrückten – Ideen. Er hörte sich jede einzelne Idee an, gab mir Tipps und ließ mich meine Ideen dann eigenständig umsetzen. Von Tag zu Tag übergab er mir verantwor-

tungsvollere Aufgaben innerhalb seines Unternehmens. Bis ich dann mit dreiundzwanzig Jahren Vertriebsdirektorin war und echte Führungsverantwortung übernahm. Ohne seine Forderung und Förderung hätte ich das in so kurzer Zeit nicht geschafft.

Er hat von Anfang an mehr in mir gesehen, als ich selbst. Und das ist das beste Indiz für einen Löwen. So handelt ein wahrer Alpha; bereit mehr zu sehen, Kontrolle abzugeben und Vertrauen ins Team zu geben.

Und ist Ihnen noch etwas aufgefallen? Nicht nur damals profitierte er von mir und meinen Leistungen. Nein, noch heute ist das so, denn ich spreche auch jetzt, Jahre später, noch immer voller Begeisterung von ihm.

Stellen Sie sich nun bitte einen majestätischen Löwen vor. Was strahlt er für Sie aus? Für mich strahlt ein Löwe vollkommene Ruhe und Stärke aus. Macht er einen großen Wirbel? Nein! Er hat die Macht und strahlt das aus, zusammen mit Anmut, Stil und Souveränität. Denn er hat etwas verstanden: Wahre Macht ist leise!

Macht braucht es nicht für sich, andere schlecht zu machen, um sich selbst besser zu fühlen. Im Gegenteil. Wahrhaft Machtvolle behandeln Menschen so, dass diese es schaffen, das Bestmögliche aus sich selbst herauszuholen.

Kennen Sie den Spruch: „Behandle Menschen so, wie du selbst behandelt werden möchtest". Das ist eine sehr populäre Aussage. Doch in der Praxis funktioniert sie gar nicht. Wir sind alle unterschiedlich, nämlich individuell und so braucht jeder eine gezielte Behandlung, die bestmöglich auf seine persönlichen Bedürfnisse und Fähigkeiten abgestimmt ist.

Wenn ich selbst auf eine bestimmte Art behandelt werden möchte, entspringt dieser Wunsch meinen Bedürfnissen, meinen Beweggründen und meinen Wünschen. Dies sind nicht die eines jeden.

Sicherlich, der Wunsch nach Respekt und Wertschätzung gehören wohl bei jedem dazu. Doch nennen wir es eine Schnittmenge in unseren fantastischen Unterschieden. Wenn Sie also einen Menschen so behandeln, wie Sie selbst behandelt werden möchten, dann gehen Sie nicht auf seine Bedürfnisse ein, sondern auf Ihre eigenen. Das ist nur mäßig menschlich und nur wenig professionell – doch wenn eine Hyäne wenigstens dies schaffen könnte, dann wäre das Miteinander mit diesen Möchtegerns schon halbwegs erträglich. Besonders den schüchternen – eher eingeschüchterten – Arbeitstieren wäre sehr geholfen, wenn Hyänen diesen bescheidenen Grundsatz beherrschen würden, ihr Umfeld so zu behandeln, wie sie selbst behandelt werden möchten.

Doch eine Hyäne sieht sich selbst als etwas Besseres und so steht den anderen natürlich niemals eine ebenbürtige Behandlung zu. Im Gegenteil behandelt eine Hyäne die Menschen in ihrem Umfeld so, wie es ihr gerade passt. Hat sie einen schlechten Tag, dann bekommen es die anderen ab. Ohne Rücksicht auf Verluste.

Die Hyäne nimmt nur eine Rücksicht. Sie nimmt Rücksicht auf Ihre eigenen Ängste und Ambitionen. Und so werden nur die niedergemacht, die unter ihr stehen. Alphas gegenüber traut sich selbst die dreisteste Hyäne nicht, ihr wahres Gesicht zu zeigen. Schließlich weiß sie, dass sie damit nicht weit kommen würde.

Und so hat die Hyäne zwei Gesichter und zwei Arten des Umgangs. Für die Arbeitstiere ist das aggressive Gesicht vorgesehen, den Alphas das Sonntagsgesicht vorbehalten.

Typischerweise traut sich das eingeschüchterte Umfeld keine Gegenwehr zu. Alle Arbeitstiere leben nach dem Prinzip: „Lieber nichts sagen, sonst flippt er | sie noch mehr aus." Das ist theoretisch eine sinnvolle Reaktion, denn eine Hyäne schlägt bisweilen wahllos um sich. Praktisch aber, macht das hinnehmende Schweigen alles nur noch schlimmer, denn eine Hyäne ist nur so lange eine Hyäne, bis sie auf einen Stärkeren, also einen Löwen trifft.

Im Angesicht eines Alpha wird sogar eine Hyäne leise, genau genommen kleinlaut. Und hier liegt die Lösung für die Arbeitstiere: Werde zum Alpha! Oder lerne zumindest, dir ein paar Fähigkeiten der Alphas anzueignen, um Dir das Leben zu erleichtern.

Was gilt es zu lernen? – Schach, das Spiel der Könige! Im übertragenden Sinne sind Alphas exzellente Schachspieler. Sie überschauen das Spiel, planen mit Strategie und wahren ihre Ruhe. Es geht ihnen nicht darum, Macht zu demonstrieren, sondern das System zu bedienen – das System des Spiels: auf dem Spielbrett, im Unternehmen, auf dem Weltmarkt.

Sie wissen ganz genau, wer eine Figur im Spiel bewegt, bewirkt eine Reaktion. Wer das Spiel kennt, wer seinen Gegner kennt, wer das Umfeld kennt, der weiß, welcher Zug welche Reaktion hervorruft. Und mit dieser Strategie führen Alphas Menschen, Unternehmen und Märkte optimal.

Alphas halten die Fäden zusammen und fördern das System. Man fühlt sich mit ihnen wohl, denn Alphas strahlen Wertschätzung und Sicherheit aus. Sie sind im positiven Sinne berechenbar. Berechenbar – nicht berechnend. Auf einen Alpha kann man sich verlassen.

All diese Alpha-Fähigkeiten sind nicht einfach nur angeboren, sondern vor allem bewusst angeeignet und weiter entwickelt. Alphas arbeiten stark an sich. Und sie nehmen sich die Zeit in die Rolle des anderen zu schlüpfen und sich zu fragen:

▸ Wenn ich so behandelt werden würde, wie würde ich mich fühlen?

▸ Was brauche ich, um mich mit meinem Vorgesetzten wohl zu fühlen?

▸ Was brauche ich, um meine besten Leistungen zu bringen?

Die Erkenntnisse aus diesen Überlegungen lässt ein Alpha täglich in seinen Umgang einfließen. So einfach ist das. Es handelt sich keinesfalls um Hochbegabung oder Raketentechnik, sondern schlicht um Wertschätzung und Fleiß. Und was bedeutet das? Jeder kann das!

Bitte machen Sie sich folgende Notizen:

- ▸ Wer inspiriert Sie?

- ▸ Wer sind heutzutage Ihrer Meinung nach akzeptierte und gefragte Meinungsmacher?

- ▸ Welche Personen katapultieren sich dagegen ständig ins Aus?

TIPPS

- ▸ Öffnen Sie Ihre Augen für den Unterschied. Unterscheiden Sie zwischen echt und unecht, statt sich von vermeintlicher Macht blenden zu lassen.

- ▸ Bleiben Sie immer ruhig und gelassen.

- ▸ Es gibt nur einen richtigen Weg für Sie. Das ist Ihr eigener.

Die Alpha DNA kurz gefasst!

- Alphas sind die Ersten eines Rudels.

- Es gibt vier unterschiedliche Arten der Gattung Hyäne:

    - Bestimmer
      Sie sind sehr zielstrebig, überschreiten aber auch Grenzen.

    - Planer
      Sie gehen bei ihren Aufgaben sehr stark ins Detail, wollen
      recht haben und akzeptieren nur sehr schwer andere Mei-
      nungen.

    - Umsetzer
      Sie packen alles an – ob es um positive oder negative Dinge
      geht – und können ihr Umfeld nur schwer wertschätzen.

    - Visionär
      Sie malen die Zukunft in den buntesten Farben und verlieren
      dabei häufig den Bezug zur Realität.

- Führung funktioniert heutzutage kaum noch über Druck, sie
  funktioniert fast ausschließlich über Einfluss.

- Wahre Alphas sind weder egozentrisch noch unbeherrscht.

Modellieren Sie die positiven Eigenschaften der Alphas:

- Gute Führung hat nichts mit Dominanz oder Lautstärke zu tun.

- Wahre Macht braucht keine Statussymbole, um Anerkennung zu
  erhalten.

- Eine ruhige und bestimmte Kommunikation strahlt Souveränität
  aus.

- Alphas holen die Menschen in ihrem Umfeld dort ab, wo sie stehen und behandeln sie so, wie sie in Zukunft sein können.

- Alphas haben einen guten Zugang zu ihren eigenen Ressourcen
  und können ihre Fähigkeiten optimal nutzen.

Die Alpha DNA

I

So denken sie!

Machtlos oder machtvoll?
Gewinnen Sie die Kontrolle!

Ist Ihnen Alexander der Große (356 v. Chr.) ein Begriff? Er revolutionierte die Welt. Er überrannte die damals bekannt Welt. Doch er wird verehrt und nicht mit anderen Großmachtsanwärtern wie Hitler und Putin verglichen.

Wussten Sie, dass ein Großteil seiner Kindheitsgeschichte legendenhaft ausgeschmückt und manches sogar frei erfunden wurde? Warum ist es manchen Menschen so wichtig, sich mächtiger darzustellen als sie sind?

Ich glaube, dass diese Menschen einen bestimmten Effekt bewirken wollen. Sie wollen, dass sich andere machtlos fühlen. Damit stärken sie ihr eigenes Machtgefühl, ohne selbst mehr tun zu müssen, ohne selbst mehr sein zu müssen. Natürlich sind sie dadurch keinesfalls stärker, aber sie können so tun.

Offen gefragt:

▸   Fühlen Sie sich manchmal machtlos?

▸   Lassen Sie sich häufig beeinflussen?

▸   Wie sieht es mit Ihrem Durchsetzungsvermögen aus?

Wir erleben jeden Tag ohnmächtige Situationen. Mal sind sie größer, mal ganz klein, so dass wir es kaum bemerken. Doch damit ist jetzt Schluss. Holen Sie sich Ihre Macht zurück!

Macht erlangen wir über die Kontrolle unserer Gefühle. Und unsere Gefühle stehen im direkten Zusammenhang mit den Situationen, die wir täglich erleben und vor allem, in welcher Rolle wir uns gerade befinden.

Ein Abteilungsleiter einer Firma ist gegenüber seinen Mitarbeitern weisungsbefugt. Das gibt ihm Selbstvertrauen. Entsprechend ist es recht leicht, die Regeln aufzustellen und sich mächtig zu fühlen.

Doch ist das immer so? Ich schrieb bereits, es kommt auf die Situation an. Denn wenn zuvor der Chef bestimmte Maßnahmen diktiert hat, mit denen man sich nicht identifizieren kann, sieht das anders aus. Der Abteilungsleiter muss jetzt einen Auftrag seines Chefs umsetzen, hinter dem er nicht steht. Das kann dazu führen, dass er sich machtlos fühlt. Er muss etwas tun, was er nicht tun möchte. Und die Hierarchie entscheidet scheinbar über machtvoll und machtlos.

Wir haben in unserem Leben unterschiedliche Rollen. Mal haben wir die Oberhand, mal nicht. Der richtige Umgang mit diesen Situationen ist entscheidend. Jeder hat es selbst in der Hand, wie er sich fühlt. Dabei kommt vor allem auf die eigene Einstellung an.

Unsere Gedanken bestimmen unsere Gefühle. Wenn ich das Gefühl habe entmachtet zu sein, dann muss ich zuerst meine Gedanken überprüfen.

‣ Was löst dieses Gefühl aus?

Der einfachste Weg um sich seine Macht zurück zu holen, ist die aktive Arbeit an der eigenen Persönlichkeit. Umso gefestigter eine Person ist, umso souveräner geht sie mit schwierigen Situationen um. Wenn uns noch alte Erlebnisse aus der Kindheit oder Erfahrungen aus der Erziehung beeinflussen, spiegelt sich dies in unserem Verhalten wieder.

Einschränkende Erfahrungen müssen aufgearbeitet werden, um der Souveränität Platz zu machen. Meiner Meinung nach ist dafür der effektivste Weg ein Einzelcoaching mit einem professionellen Coach. Die Erfahrung zeigt, dass dieser Weg die schnellsten und nachhaltigsten Ergebnisse bringt.

Was Ihnen diese Arbeit bringt? – Es geht doch darum, andere Menschen zu überzeugen, von sich, seinen Produkten, seinen Ideen.

Wenn Ihre Persönlichkeit stark ist, dann fällt Ihnen all das sehr leicht.

Für Alphas jedenfalls ist es ein Kinderspiel. Und genau aus diesem Grund lohnt es sich auch für Sie, die Eigenschaften eines Alphas anzunehmen. Vielleicht nicht gleich alle auf ein Mal, aber zumindest ein paar und Schritt für Schritt. Eigenschaft für Eigenschaft und Fähigkeit für Fähigkeit arbeiten Sie sich vor. Dadurch wird Ihnen der Umgang mit schwierigen Personen leichter fallen. Sie werden sich nicht nur souveräner fühlen, sondern auch effektiver sein, denn natürlich erreichen Sie so auch schneller Ihre Ziele. Es lohnt sich, ein Alpha zu sein!

Machen Sie den Test

Wie viel Alpha steckt in Ihnen? Beantworten Sie sich die folgenden Fragen

- Entscheidungen zu treffen fällt mir leicht.
  ○ ja ○ teils ○ nein

- Menschen von meinen Ideen zu überzeugen ist ein Kinderspiel.
  ○ ja ○ teils ○ nein

- In Konfliktgesprächen reagiere ich ruhig und gelassen.
  ○ ja ○ teils ○ nein

- Ich nehme bei Menschen sehr schnell ihre Potenziale wahr.
  ○ ja ○ teils ○ nein

- Ich kann gut meinen eigenen Standpunkt vertreten.
  ○ ja ○ teils ○ nein

Und? Wie viele Fragen haben Sie mit einem klaren „Ja!" beantwortet? Je mehr Kriterien Sie Ihrer Meinung nach erfüllen, umso mehr Alpha steckt in Ihnen.

Wir werden von den unterschiedlichsten Einflüssen gelenkt. Welche das sind? Ich erkläre sie anhand der neurologischen Ebenen von Robert Dilts. Dilts ist seit 1975 Autor, Trainer und Berater im Bereich NLP (Neuro Lingustische Programmierung). In den 1980er Jahre prägte er den Begriff der neurologischen Ebenen.

Die neurologischen Ebenen nach Dilts beschreiben die einzelnen Stufen der Veränderung. Streng nach der Frage, wie sich ein Mensch am besten und einfachsten verändern kann, dienen Dilts' logische Ebenen der Klärung, wo ein Problem und | oder Ziel ist.

Dilts neurologische Ebenen zeichnet er in Form einer Pyramide. Deren Fundament bildet das Umfeld und ihre Spitze steht für die Vision. Umso höher ein Punkt auf der Pyramide angelegt ist, umso mehr beeinflusst dieses Thema unser Leben.

QUELLE: ROBERT DILTS | NEUROLOGISCHE EBENEN

Mit den neurologischen Ebenen können Sie genau prüfen, wo Sie gerade stehen. Sie bekommen ein Verständnis dafür, wo Sie hin möchten und Sie erhalten Lösungen, wie Sie dort hinkommen.

Nach der folgenden Übung werden wir genau das gemeinsam tun.

Notieren Sie eine typische Situationen, in der Sie sich machtlos fühlten.

Welche Auslöser für Ihre Ohnmachtsgefühle können Sie identifizieren?

TIPPS

- Lassen Sie sich von Hyänen nicht entmachten.
- Befreien Sie sich von negativ beeinflussenden Erfahrungen aus der Vergangenheit.
- Seien Sie offen für Veränderung.

Fremdbestimmt oder selbstbestimmt? Übernehmen Sie das Kommando!

Umfeld: Die erste Ebene!

„Zeig' mir deine Freunde und ich sag' dir, wer du bist." – Auf dieser Ebene gehen wir sogar noch tiefer: „Zeige mir dein Umfeld und ich sage dir, wer du bist."

Sie haben bestimmt schon gehört, dass die Menschen, die uns umgeben, unser Verhalten prägen. Sie beeinflussen uns auf besondere Weise. In diesem Kapitel werden Sie von mir erfahren, wie Alphas mit ihrem Umfeld umgehen, worauf sie Wert legen und wie sie ihr Umfeld wählen.

Bevor wir uns mit den Alphas beschäftigen, richten wir unsere Augen auf die Arbeitstiere.

Das Umfeld eines Arbeitstieres besteht meist aus reinen Arbeitstieren. Klar, mit ihnen kann man sich austauschen, man hat dieselben Herausforderungen und ähnliche Arbeitsumstände. Man kennt sich, man versteht sich, man hat die gleichen Sorgen. Und in stundenlangen Gesprächen über den gemeinen Chef, kann man seinen Frust loswerden. Das gemeinsame Suhlen im Problemsumpf verbindet.

Dummerweise wird das Matschloch immer tiefer, je länger man sich darin suhlt. Und zu zweit geht es um so schneller in die Tiefe. Eine helfende Hand von oben gibt es selten, da die wahren Retter, die Alphas, wenig Lust auf ein Schlammbad im Matschloch verspüren. Alphas möchten mit Menschen arbeiten, die sich selbst aus Löchern befreien, nicht mit solchen, die immer tiefer in Löcher hineinkriechen. Ich weiß, das war jetzt gemein. Aber denken Sie doch einmal an die Arbeitstiere in Ihrem Umfeld. Ist es nicht meist so, dass sie in ihrer Arbeitssituation frustriert sind. Und? Und darüber wird ausgiebig gesprochen.

Um fair zu sein, müssen wir zugeben, dass Hyänen einem Arbeitstier das Leben wirklich schwer machen. Keine Frage. Hyänen umgeben sich mit Arbeitstieren heutzutage, wie sich einst Farmer ihre Sklaven hielten. Doch ein Arbeitssklave schafft es natürlich niemals in den Rang eines Gleichberechtigten. Und wenn Hyänen gar zu zweit oder im Rudel auftauchen, dann wird es besonders hart für die Arbeitstiere.

Hyänen im Rudel? Ja, klar!

Hyänen umgeben sich mit Hyänen, weil sie sich ebenbürtige Gesellschaft wünschen. Und da es einem Löwen viel zu dämlich wäre mit einer Hyäne abzuhängen, umgeben sich Hyänen eben mit Hyänen. Gegenseitig bewundern und verehren sie sich. Bestmöglich haben sie einen Guru, den sie anbeteten. Das mögen Hyänen am liebsten. Das ist ihr größter Wunschtraum.

Die Bewunderung durch einen Alpha ist mehr als unrealistisch. Die Bewunderung durch ein Arbeitstier ist ebenfalls unrealistisch, denn es ist durch das Verhalten der Hyäne mehr als abgeschreckt. Also bleibt: „Gleich und gleich gesellt sich gern." Leider sorgt das keinesfalls für einen konstruktiven oder kritischen Austausch. Eine Hyäne findet eben toll, was eine Hyäne tut. Ihrer beider Welt ist so wie sie ist in Ordnung. Das macht es weniger anstrengend im Leben.

Und wie steht es nun um die Alphas?

Alphas sind besonders an Menschen interessiert, die sie beruflich und privat weiterbringen, vielleicht sogar fördern können. Und sie möchten ihrem Gesprächspartner auf Augenhöhe begegnen.

Auch dann, wenn jemand diese Bedingungen nicht erfüllt, verhalten sich Alphas wertschätzend und respektvoll. Dennoch richten sie ihre Aufmerksamkeit mehr auf Menschen, die viel erreicht haben,, und auch in einigen Bereichen erfolgreicher sind als sie selbst.

Alphas haben keine Angst davor zuzugeben, dass jemand besser ist als sie selbst. Im Gegenteil. Sie bewundern diese Personen und möchten von ihnen lernen. Ist doch klar. Jene sind dort, wo sie hin möchten. Ihre Devise ist: „Auch wenn Kontakte auf Augenhöhe eine super Sache sind, wir kommen schneller voran, wenn wir nach Oben schauen." Erfolgreiche Menschen wissen ganz genau, wie sie ihre

Ziele erreichen. Denn sie sind den Weg bereits gegangen. Und so sehen Alphas starke Persönlichkeiten nicht als Konkurrenz, sondern als Leitbild. Alles andere ist 'nice to have'!

'Problemtalker', also Menschen, die gerne und viel über Dinge sprechen, die nicht funktionieren, werden aus dem Umfeld der Alphas aussortiert. Sie möchten sich nicht negativ beeinflussen lassen.

Ein Arbeitstier würde argumentieren: „Aber er ist doch so nett!" Kann ja sein. Doch wenn eine Person eine negative Auswirkung auf uns und unsere Persönlichkeit hat, dann gehört sie nicht in unser Umfeld.

Die wichtigste Frage lautet:

▸ Geben Ihnen Menschen Energie oder nehmen sie Ihnen Energie?

Alphas eliminieren Energiesauger. Ein Alpha hat eine sehr feine Antenne für Aussagen wie: „Das geht nicht!", „Das kann ich nicht!", „Das haben wir schon immer so gemacht!" … Das sind die typischen Sätze der Energiesauger. Ihr Blick liegt vor allem auf den Dingen, die nicht funktionieren.

Alphas dagegen möchten sich gegenseitig bereichern und gemeinsam Ziele erreichen. Also fragen sie sich typischerweise: „Was tut mir gut?" Negative Einflüsse tun ihnen natürlich nicht gut, also werden sie aussortiert – ohne zu zögern.

Verwechseln Sie dieses Verhalten bitte nicht mit dem der Hyänen. Hyänen eliminieren Menschen dann, wenn sie Kritik an ihnen üben. Die Größenphantasie der Hyäne lässt eine solche 'Beleidigung' nicht zu. Alphas dagegen schätzen Kritik. Sie wissen, dass sie durch Feedback noch erfolgreicher werden können.

Ich frage Sie:

- Was sind Ihre beruflichen Ziele?

- Mit welchen Personen müssen Sie sich umgeben, um Ihre Ziele schneller zu erreichen?

Suchen Sie sich Ihr berufliches Umfeld nicht nach dem Nasenfaktor aus, sondern nach der Nachhaltigkeit.

Die Schlüsselfrage lautet: „Bringt mich dieses Gespräch jetzt weiter?" Oder kostet Sie dieses Gespräch nur Zeit und Nerven? Alphas würden es nicht zulassen, dass jemand ihnen diese kostbaren Ressourcen stiehlt.

Meine ersten Gehversuche in der Weiterbildungsbranche waren sehr wackelig. Klar, ich hatte noch keinerlei Erfahrung in diesem Bereich. Das Einzige was ich hatte, war ein klares Ziel.

Meine erste Amtshandlung bestand also darin, mir Vorbilder im Seminarbereich zu suchen. Ich wollte von den Besten lernen. Und so wurde es mein Hobby, Seminare zu besuchen.

Ich war fasziniert von allem: Die Art der Präsentation, das Marketing, die Kundenansprache. Alles habe ich wissbegierig aufgesaugt. Und dann entwickelte ich meine eigene Strategie. Keinesfalls eine Kopie. Das ist wichtig! Es gibt schon zu viele schlechte Kopien in der Geschäftswelt.

Es geht um das Modellieren von Strategien erfolgreicher Menschen. Wer sich nach 'oben' orientiert, lernt das Handwerkszeug des Erfolges. Wer die Strategien erfolgreicher Menschen beobachtet, kommt schneller ans Ziel.

Suchen Sie sich konkret drei Personen in Ihrem Umfeld aus, von denen Sie lernen möchten. Innerhalb der nächsten Woche nehmen Sie dann Kontakt zu ihnen auf.

Notieren Sie hier deren Namen und wie Sie sie ansprechen möchten.

▸

▸

▸

TIPPS

- ▸ Konzentrieren Sie sich auf die Dinge, die gut funktionieren.
- ▸ Suchen Sie sich Vorbilder, die das erreicht haben, was Sie noch erreichen möchten.
- ▸ Lösen Sie sich von 'Problemtalkern'!

Reagieren oder agieren?
So verhalten sich Alphas!

Verhalten: Die zweite Ebene!

„Wenn Sie immer das gleiche tun, werden Sie immer das gleiche bekommen!" Das heißt, für veränderte Ergebnisse braucht man ein verändertes Verhalten. Es gibt große Unterschiede zwischen Erfolg und Misserfolg und alles beginnt mit Ihrem Verhalten.

Auf dieser Ebene geht es darum, dass Verhalten der Alphas zu durchleuchten, Licht ins Dunkel zu bringen und ihre Erfolgsstrategien zu übernehmen.

Alphas haben einen besonderen Fokus – Erfolg! Davon lassen sie sich nicht ablenken. Das Ergebnis zählt. Sie leben im Jetzt und der Blick ist in die Zukunft gerichtet. Daher halten Alphas nicht am Vergangenen fest. Richard Bandler sagte dazu: „Das Schöne an der Vergangenheit ist, dass sie vorbei ist!"

Arbeitstiere dagegen leben meist in der Gegenwart. Natürlich denken auch sie im Stillen für sich: „Ach, wie schön wäre es, wenn ich im Unternehmen eine bessere Position hätte!" Doch das ist mehr ein Traum als ein Ziel. Und das ist das Problem. Der Traum macht sie anfällig für die Versprechungen der Hyänen: „Wenn du immer fleißig bist, dann wird dein Traum Realität", „Irgendwann bist du nicht mehr die Nummer 2, sondern die Nummer 1!", „Mach' ordentlich Überstunden und ordne dich meinen Vorgaben unter, dann wird es bald soweit sein." Das es sich meist um leere Versprechungen handelt, muss ich hier wohl nicht erwähnen.

Was ist der Unterschied, wenn es ein Ziel ist, statt ein Traum? „Der Unterschied zwischen einem Traum und einem Ziel ist die Tat!" Bei einem klaren Ziel verlässt man sich nicht auf das Wohlwollen anderer, sondern nimmt es selbst in die Hand. Man arbeitet konstruktiv auf sein Ziel hin.

Kommen wir nun zur Hyäne. Sie lebt ausschließlich für die Zukunft, um genau zu sein, ist sie in Gedanken schon längst in der Zukunft.

Das Hier und Jetzt spielt keine Rolle. Der kleinste Fehler bringt sie zu ausgewachsenen Wutausbrüchen, denn diese ziehen sie wie ein Gummiband wieder zurück in die Realität. Das hasst die Hyäne. Und da sie mangels Bodenhaftung den Bezug zur Realität längst verloren hat, macht sie sich auch keine Gedanken über die Wirkung ihrer Wutausbrüche und Abwertungen. Sie selbst hat sie morgen schon vergessen.

Zurück zu den Alphas. Sie leben in der Gegenwart, mit einer klaren Ausrichtung in die Zukunft. Die Vergangenheit dient dabei als Lernressource. Die Erfahrungen werden wahrgenommen und reflektiert, in der Gegenwart wird das Verhalten verbessert. So beeinflusst die Vergangenheit nicht negativ und die Aufmerksamkeit ist frei von schädlichen Einflüssen.

Auf diese Weise nehmen Alphas das Hier und Jetzt wahr und spannen den Bogen in die Zukunft. Sie fragen sich: „Wie wirkt sich mein Verhalten zukünftig aus?" Dieser Weitblick verschafft ihnen einen klaren Vorsprung, denn sie passen das Verhalten ihren Zielen an. Eine typische Alpha-Frage lautet: „Wie muss ich mich jetzt verhalten, um die gewünschte Reaktion zu erreichen?"

Alphas reden dabei nicht nach dem Munde des Umfeldes, sie haben ihre eigene Meinung. Es gilt, die eigenen Interessen durchzusetzen, doch nicht jeder Kampf muss gekämpft werden. Weit besser ist es, seine Ziele ohne Widerstand durchzusetzen. Also passen Alphas ihr Verhalten auf ihr Gegenüber an und lenken so ihr Umfeld. Das klingt berechnend. Und das ist es auch. Allerdings machen sie das zum Wohl der Firma oder des Unternehmens, nicht aus Eigennutz, wie wir es von den Hyänen kennen. Erinnern Sie sich, Alphas möchten ihre Ziele nicht alleine erreichen, sondern gemeinsam mit den Menschen. Und so wissen sie, wie wichtig es ist, einen fairen Umgang zu pflegen. Sie tun, was getan werden muss, frei nach dem Prinzip: Aktion schafft Reaktion!

Wie lebt ein Alpha dieses Prinzip des 'Wie es in den Wald hineinruft, so schallt es zurück'? Sie leben es, indem sie es zuerst denken. Alphas durchdenken eine Situationen sachlich. Sie wägen das Für und Wider möglicher Reaktionen ab und handeln erst dann. Sie gehen nicht mit viel Emotion, sondern vor allem mit viel Intuition an die Sache heran.

Im Gegensatz dazu die Hyänen. Sie agieren eher laut und kopflos. Ihr ungehaltenes Verhalten sorgt für Angst und Schrecken in den Unternehmen. Nicht selten ducken sich Mitarbeiter, wenn sie durch ihr Revier – ihr Büro – streifen. Denn ihre Mitarbeiter wissen, wenn der Hyäne etwas nicht passt, dann wird es richtig unangenehm. Da wird gern 'Tabula rasa' gemacht und dabei ist es der Hyäne egal, ob sie dabei den Falschen erwischt. Denn ihr fehlt das nachhaltige Konsequenzdenken. Hyänen haben kein Gefühl dafür, wie sich ihr derzeitiges Verhalten auf ihr Umfeld auswirkt. Und schlimmer, manchen von ihnen ist es sogar egal. Damit steht sich die Hyäne selbst am meisten im Weg.

Und dann ist da noch eine Sache, die die Hyäne einfach nicht begriffen hat: Sie hält – wie es die Arbeitstiere auch tun – zu lange an Dingen fest, die nicht funktionieren. Immer und immer wieder begeht sie den gleichen Fehler, reitet den toten Gaul und bleibt damit in einer Negativspirale gefangen. Ihr Umfeld reißt sie dabei mit – nach unten.

Was tut dagegen ein Alpha? Ein Alpha hält sich nicht mit Dingen auf, die ihn nicht weiterbringen, prüft beständig die Reaktionen seinen Umfeldes und passt sein Verhalten den Anforderungen an.

Vor kurzem war ich mit einem lieben Bekannten auf dem Weg zu Freunden. Ein angeregtes Gesprächsthema folgte dem nächsten.

Auf einmal unterbrach er schlagartig unsere Unterhaltung. Ganz hektisch meinte er „Ich bin eben geblitzt worden! Wie viel ist hier denn erlaubt? Ich weiß nicht, wie schnell ich gefahren bin. Oh Gott, wenn jetzt mein Führerschein weg ist!" Ich habe natürlich erstmal versucht ihn zu beruhigen. Keine Chance! Er war völlig durch den Wind. Dann kam er auf die grandiose Idee bei der nächsten Ausfahrt umzudrehen, einen Umweg von knapp 40 km zu fahren, um zu schauen, welche Geschwindig-

keit erlaubt ist. In dem Moment dachte ich, er macht einen Scherz. Aber es war sein voller Ernst. Wenn ich nicht mit allen Kommunikationstricks gearbeitet hätte, um ihn vom Gegenteil zu überzeugen, wären wir eine Runde im Kreis gefahren. Und das für eine Tatsache, die wir beide nicht mehr ändern konnten. Geblitzt ist geblitzt. Vorbei ist vorbei! Da ändert auch der Umweg nichts mehr. Mir fällt dazu nur ein Begriff ein: Zeitverschwendung!

Alphas konzentrieren sich auf das Wesentliche. Wenn sie Dinge nicht mehr ändern können, dann machen sie einen Haken dran. Sie wissen, über manchen Dingen muss man halt drüberstehen. Und genau diese Einstellung lässt sie besonders souverän sein.

Das ist das Problem bei Hyänen. Wenn es stressig wird, verlieren sie den Kopf — ebenso, wie die Arbeitstiere — aber die Hyänen setzen noch einen drauf und schlagen wild um sich. Das ist kein Spaß für das Umfeld. Kennen Sie auch solche Hyänen? Furchtbar, oder?

Alphas lassen sich dagegen nicht aus der Ruhe bringen oder unter Druck setzen. Wenn sie gerade in Ruhe einen Kaffee trinken wollen, dann machen sie das. Gestresst und angespannt wahrgenommen zu werden, würde die souveräne Wirkung schmälern und den Kaffeegenuss sowieso. Als Alpha gilt, als Löwe gilt: Wenn es in der Savanne heiß her geht, dann erst einmal tief durchatmen. Alphas ziehen sich kurz zurück, sammeln ihre Gedanken und dann geht es mit Strategie und guter Energie weiter. Das macht Eindruck!

Jetzt sind wir schon tiefer in die Welt der Alphas eingetaucht. Womöglich fragen Sie sich: „Ist das Alpha-Verhalten angeboren oder antrainiert?"

Zugegeben, einige Alphas sind echte Naturtalente. Andere aber nicht. Und damit besteht auch für jedes Arbeitstier Hoffnung, denn selbst dann, wenn ein Talent angeboren ist, muss man weiter trainieren, um in die Spitzenliga zu kommen. Für die Arbeitstiere geht es darum, Selbstvertrauen und Selbstbewusstsein aufzubauen. Das passiert nicht von heute auf morgen. Und dann ist da auch noch eine Einschränkung: Es gibt Menschen, die wollen Veränderung, sind aber nicht bereit, etwas dafür zu tun. Das funktioniert leider nicht!

Es gibt zwei Schritte sich weiter zu entwickeln:

ERSTER SCHRITT

Sie gehen in den Keller, um negative Erfahrungen aus der Vergangenheit zu bearbeiten und endlich loszulassen.

Familie, Freunde und Bekannte prägen uns. Doch nicht nur zum Guten. Es gibt immer mal wieder Situationen, die unser Selbstbewusstsein ankratzen. Der eine wurde beim Vorsingen ausgelacht, der andere verbal angegriffen. In der Kindheit kann so vieles passieren und oft sind wir uns dessen gar nicht mehr bewusst.

Ihr Gang in den Keller ist unvermeidlich. Aufräumen und ausräumen ist ein Muss. Diesen Gang würde ich nicht alleine antreten. Ich empfinde es als sehr schwierig, selbst einzuschätzen, was man wegwerfen oder behalten und was man sogar in Ehren halten sollte.

Da wir uns manchmal nicht herantrauen und uns selbst auch mal etwas vormachen á la „Ist ja nicht so schlimm", empfehle ich Ihnen einen geeigneten Coach zu wählen. Dieser kann schnell und gezielt Ihre Herausforderung ermitteln und eliminieren.

ZWEITER SCHRITT

Sie sammeln positive Referenzerlebnisse, denn Erfolg macht selbstbewusst, Erfolg macht sexy, Erfolg macht souverän.

Natürlich muss erst geklärt werden, was man erreichen möchte, um den richtigen Weg einzuschlagen. Also gilt als Erstes: Ziel setzten! Ist das Ziel klar definiert, dann werden die nötigen Schritte eingeleitet, um es zu erreichen. Am besten ist es, sich täglich mehrere kleine Ziele zu setzten. So verbuchen Sie mehr Erfolgserlebnisse. Von Tag zu Tag wächst damit Ihr Selbstbewusstsein. Ihre kleinen Ziele dürfen auch gern zu einem großen Ziel führen.

Sammeln Sie Situationen, auf die Sie stolz sind. Es dürfen aktuelle Situationen sein, wie auch vergangene. Legen Sie sich ein 'Erfolgstagebuch' zu und notieren Sie jeden Abend Ihre gesammelten Erfolge. Es werden mal viele sein, mal wenige. Es kommt nicht auf die Menge, sondern auf die Regelmäßigkeit der Einträge an.

Achtung: Es genügt nicht, einmal ein paar Punkte aufzuschreiben. Es kommt auf Ihre Kontinuität und Ausdauer an.

Mal Hand auf´s Herz: Wie oft haben Sie diesen Tipp mit dem Erfolgstagebuch schon gehört? Manche vielleicht zum ersten Mal, einige aber bestimmt schon mehrmals. Und? Haben Sie diesen Tipp wirklich konsequent durchgezogen? Falls nicht, dann haben Sie jetzt noch einmal die Chance.

Ziele setzten – egal wie groß – und dann diese systematisch erreichen. Dafür muss man etwas tun, richtig. Und es lohnt sich!

Aber es gibt tatsächlich Menschen, die sich hinsetzen und darauf warten, mehr Selbstbewusstsein zu bekommen, bevor sie in Aktion treten. Das ist, wie wenn man Holz in einen Ofen gibt und darauf wartet, dass es von alleine brennt. Das wird nicht passieren. Das Holz muss erst entzündet werden, bevor es Wärme entstehen lässt.

Warum warten?

Auf was warten?

Legen Sie gleich auf der folgenden Seite los!

Notieren Sie hier 20 Punkte, die Sie an sich schätzen.

Auf was sind Sie stolz? Was können Sie besonders gut? ...

Sie dürfen Ihre Liste erst beenden, wenn Sie diese 20 positiven Punkte zusammen haben.

▸

▸

▸

▸

▸

▸

▸

▸

▸

▸

▸

-
-
-
-
-
-
-
-
-

Tipps

- Seien Sie im Hier und Jetzt mit einer klaren Ausrichtung in die Zukunft.
- Bleiben Sie in stressigen Situationen ruhig und gelassen.
- Schauen Sie ab und zu mal in Ihrem Keller vorbei, ob es etwas zum Ausräumen gibt.

Vermeiden oder entscheiden? Das ist der richtige Weg!

Fähigkeiten: Die dritte Ebene

„Erfolg besteht darin, dass man genau die Fähigkeiten hat, die im Moment gefragt sind." Henry Ford

Wären Sie überrascht zu lesen, dass Alphas immer genau die Fähigkeiten besitzen, die im Moment gefragt sind? Wahrscheinlich nicht. Stellt sich nur die Frage: „Wie machen die das?" Dazu hatten wir schon einiges und dazu bekommen wir noch mehr. Aber davon später. Jetzt stellt sich uns die Frage: „Welche Fähigkeiten sind das?"

Auf dieser Ebene gehen wir auf Entdeckungsreise. Wir finden heraus, was die größten Fähigkeiten der Alphas sind und wie Sie diese am Besten einsetzen können.

Aber erstmal wieder zu Hyänen und Arbeitstieren.

Arbeitstiere lassen sich von Hyänen klein machen – und sie machen sich leider viel zu häufig auch noch selbst klein. Dabei unterschätzen sie sich und ihre Kompetenz. Wie kommt das? Die Arbeitstiere konzentrieren sich zu sehr darauf, was sie nicht können. Die Bereiche, in denen sie gut und sehr gut sind, sehen sie nicht oder sie wertschätzen diese nicht. Und so wundert es nicht, dass sie einen übersteigerten Wert auf Weiterbildung legen. Hier noch eine Schulung, dort noch ein Zertifikat, denn „Ich bin ja noch nicht gut genug, es gibt welche, die sind noch besser als sich." Dabei bemerken sie nicht, dass ihre Kompetenz auf diese Weise nur den anderen zu Gute kommt, vorzugsweise der Hyäne, die das Arbeitstier perfekt auszunutzen weiß. Die Unsicherheit der Arbeitstiere stärkt das kleine Ego der Hyäne. Jede Nachfrage des Arbeitstiers sorgt für einen Selbstdarstellungskick. So bläst sich die Hyäne immer größer auf und das Arbeitstier fühlt sich immer kleiner und unfähiger.

Das ist nicht nur ungerecht, sondern auch völlig falsch, denn oft genug sind die Fähigkeiten des Arbeitstiers weit größer, als die der Hyäne, die mehr so tut, als hätte sie Ahnung. Bei genauerem Nachfragen fällt das Kartenhaus an Halbwahrheiten dann aber zusammen.

Auch wenn es eine Hyäne nie zugeben würde und auch wenn sie kaum etwas über das Thema weiß, mitreden muss sie immer.

Alphas dagegen wissen von ihren Stärken und Schwächen und können auch gut damit umgehen. Besser noch, sie lassen sich keinesfalls darauf ein, Dinge zu tun, in denen sie nicht kompetent sind. In diesen Bereichen holen sie sich Experten ins Boot, anstatt die Sache selbst zu verderben. Ihr ausgeprägtes Selbstbewusstsein sorgt dafür, Situationen realistisch einschätzen zu können. Sie brauchen es nicht für ihr Ego überall mitzusprechen. Sie müssen niemandem beweisen, wie klug sie sind.

Die Devise der Alphas lautet: Handeln, statt reden. Und das tun sie nur in ihren Kerngebieten, in denen sie absolut kompetent sind. Alphas sind sehr selbstkritisch, wenn sie Entscheidungen treffen. Dabei wägen sie gut ab, auch dann, wenn sie ihre Entscheidungen scheinbar schnell treffen. Wie machen sie das? Sie nehmen eine Information auf, verwerten sie und treffen sofort eine Entscheidung. Sie sind so genannte Informationsverwerter.

Ein Alpha hat auch kein Problem damit, getroffene Entscheidungen wieder in Frage zu stellen. Im Gegensatz zur Hyäne. Deren Entscheidungen sind immer die richtigen. Denkt jedenfalls die Hyäne.

Und die Arbeitstiere? Sie grübeln zu sehr über ihren Entscheidungen – vorher und auch nachher. Ein Arbeitstier möchte es natürlich richtig machen, und doch geht irgendetwas schief. Auch sie sammeln Informationen, bevor sie handeln. Genauer gesagt, treffen sie keine eigenständigen Entscheidungen, sondern legen sich erst dann fest, wenn sie ihr gesamtes Umfeld befragt haben. Das führt zu gar nichts! Nur zu hundert verschiedenen Meinungen und einer einzigen großen Verwirrung. Chancen werden verpasst, Entscheidungen nicht getroffen – der Misserfolg ist vorprogrammiert.

Bedenken Sie: Wenn wir keine Entscheidung für uns treffen, dann trifft sie ein anderer für uns! Das bedeutet: Entscheidungen müssen! getroffen werden.

Natürlich gibt es den ein oder anderen, der sich damit schwer tut. Folgender Tipp an alle, die sich hier angesprochen fühlen: Hören Sie auf Ihr Bauchgefühl! Dieses Gefühl zeigt Ihnen die richtige Richtung. Das Gefühl kommt immer zuerst, danach erst folgt der Gedanke. Wenn Sie also ein positives Gefühl zu etwas entwickelt haben, dann schauen Sie sich zunächst die persönlichen, unternehmerischen und finanziellen Risiken an. Diese sollte man immer im Blick haben. Ich persönlich stelle mir grundsätzlich die Frage: „Wenn ich diese Entscheidung treffen, was ist das Schlimmste, das passieren kann?" Prüfen Sie bitte alle drei Bereichen: privat, unternehmerisch und finanziell. Spielen Sie das 'Worst Case Szenario' im Kopf durch. Und wenn Sie damit dann doch nicht leben wollen, treffen Sie eine andere Entscheidung. Wenn Sie aber damit leben können und wollen, dann wird Entscheidung getroffen und los geht es.

Durchaus sind auch schon mal Entscheidungen dabei, die nicht so gut waren. Das passiert. Machen sich Alphas in solch einem Falle verrückt? Nein! Sie schlafen eine Nacht darüber und am nächsten Tag wissen sie, wie sie es beim nächsten Mal besser machen. Und dann geht es eben weiter im Leben. Sie nehmen ihre Entscheidung als Erfahrung hin und richten ihre Aufmerksamkeit wieder auf das Ziel. Kein Gejammer, keine Selbstzweifel. Reine Souveränität.

Wir sind die Summe unserer Erfahrungen. Und dazu gehören auch schlechte Entscheidungen. Aufstehen, aufrichten und ausrichten – weiter geht es!

So empfehle ich es auch den Arbeitstieren. Und es schmerzt mich wieder und wieder, wenn ich sehe, wie sie tagelange darüber grübeln, was schief gelaufen ist. Immer wieder spielen sie das Szenario durch. Damit kommt man leider nicht weiter. Bitte überlegen Sie nur für einen kurzen Moment, was Sie beim nächsten Mal verbessern können. Dann lassen Sie Ihren Fehler los und machen es wie die Löwen: Das Ziel fokussieren und 'angreifen'!

Achtung, machen Sie es keinesfalls so, wie die Hyäne. Die vergisst ihre Fehler. Nein, stimmt gar nicht. Sie sieht erst gar nicht, dass sie einen Fehler gemacht hat. Denn in der schiefen Welt der Hyäne ist alles richtig, weil sie den anderen die Schuld in die Schuhe schieben kann. Dass diese Einstellung zu gar nichts führt, brauche ich Ihnen wohl nicht zu sagen.

Wann immer Fehler passieren – und sie passieren –, dann gilt es zuerst, bei sich selbst zu suchen. Suchen Sie bitte nicht nach Schuld, sondern nach Verantwortung. Dann sind wir im Reich der Selbstbestimmung und übernehmen Verantwortung für uns und unsere Misserfolge – aber auch für unsere Erfolge.

Nur mit Selbstbestimmtheit können Sie selbst entscheiden, wie Sie mit einer Situation umgehen, wie Sie sich dabei fühlen und vor allem, wie die Situation ausgeht!

Leichter gesagt als getan, denken Sie? Stimmt, daher noch einen Tipp. Schlechte Gefühle entstehen durch schlechte Bilder im Kopf. Wir machen uns selbst unsicher, indem wir negative Bilder im Kopf entstehen und groß werden lassen. Doch Bilder wecken in uns starke Emotionen. Umso größer und dunkler das schlechte Bild ist, umso niederschmetternder wirkt es auf uns.

Wenn unsere inneren Bilder unsere Gefühle beeinflussen, bedeutet das automatisch: Verändern wir unsere Bilder, verändert sich unser Gefühl! Wir haben es also selbst in der Hand.

Stellen Sie sich eine negative Situation vor. Wie wirkt das auf Sie? Ist die Situation übermächtig oder einfach nur befremdlich?

Und jetzt lassen Sie die Situation zu einem kleinen Bild schrumpfen.

Was passiert mit Ihrem unangenehmen Gefühl, wenn Sie das Bild so ansehen? Wird es schwächer? Sind Sie vielleicht sogar belustigt?

Und spricht da jemand in Ihrer Situation zu Ihnen? Dann verändern Sie den Ton, lassen Sie die Person klingen, wie Donald Duck oder Mickey Maus. Wenn Sie das Gesagte in Entenstimme oder Mäusestimme wiederholen, verliert es seinen Schrecken. Sie werden lachen und Ihr Gefühl verbessert sich. Probieren Sie es einmal aus. Das Ergebnis wird Sie begeistern.

TIPPS

▸ Spielen Sie bei schwierigen Entscheidungen das 'Worst Case' Szenario durch.

▸ Verändern Sie bei schlechten Gefühlen die Bilder in Ihrem Kopf.

▸ Konzentrieren Sie sich auf Ihre Kernkompetenzen.

WERTLOS ODER WERTVOLL?
DAS TREIBT SIE IM LEBEN AN!

WERTE: DIE VIERTE EBENE.

„Die Dinge haben nur den Wert, den man ihnen verleiht." Molière

Warum sind Werte so wichtig? Sie bestimmen, wo wir jetzt sind und was wir tun. Sie sind Grundlage unserer Entscheidungen. Kurz gesagt: Werte beeinflussen unser ganzes Leben. In dieser Ebene geht es um 'Werteklarheit'. Klarheit über Ihre Werte und auch über die Werte Ihres Umfeldes.

Wie steht es um die Werte der Arbeitstiere?

Bei ihnen ist Sicherheit ganz groß geschrieben. Sie möchten sich sicher sein, dass sie alles richtig und ordentlich erledigen. Sie möchten sich sicher sein, dass ihre Arbeit beim Chef gut ankommt. Sie möchten sich sicher sein, dass sie ihren Job behalten. ... Und dafür schuften sie bis zur Erschöpfung.

Natürlich tun sie das auch für den Wert Anerkennung. Sie sind der Meinung, dass viel tun viel Anerkennung bringt. Sie erhoffen sich einen wohlwollenden Blick, ein gutes Wort, ein Schulterklopfen. ... Und was bekommen sie? Meist noch nicht einmal ein müdes „Dankeschön."

Was Alphas dagegen verstanden haben ist, dass nicht viel tun, viel Anerkennung bringt, sondern das Richtige zu tun, viel Anerkennung bringt. Und so denken Löwen in Arbeitsteilung: Die einen verteidigen das Rudel, die anderen gehen auf die Jagd. Bedeutet also, ein Alpha konzentriert sich auf die wesentlichen Dinge, die ein Unternehmen voran bringen und kümmert sich darum, dass seine Mitarbeiter das Gefühl von Sicherheit haben. Das macht ihn zu einer exzellenten Führungskraft. Mitarbeiter fühlen sich sicher und gut geführt, wenn ihre Führungskraft berechenbar ist.

Und hier kommen wir auch schon zum größten Problem der Hyänen. Sie sind unberechenbar. Ihre Werte drehen sich vorrangig um

Status, Macht und Geld. Das ist das Einzige, das zählt. Greift jemand ihren Status oder ihre Macht an, dann werden sie ungemütlich, unbedacht und harsch.

Anerkennung ist den Hyänen Selbstverständlichkeit und Selbstzweck zugleich. Bei ihnen kann durchaus von einer narzistische Gier nach Anerkennung gesprochen werden. Sie wollen nicht dabei sein, sie wollen Beifall. Und wehe der bleibt aus. Das ist schon eine Ehrverletzung, denn sie glauben, der Nabel der Welt zu sein, das Zentrum des Universums – wehe dem, der das nicht begreift.

Keine Frage, Löwen finden Anerkennung auch sehr angenehm, aber sie sind nicht davon abhängig. Erhalten sie wenig Anerkennung, fühlen sie sich keineswegs klein. Der Hyäne aber geht es so und darum fordert sie Anerkennung mit allen Mitteln ein, auch dann noch, wenn es schon peinlich wird. Ein Löwe würde das nie tun.

Ein Löwe sucht keine Applausgeber für sein Ego. Er baut sich ein starkes Rudel auf und wird damit unschlagbar. Natürlich steht er auch im Mittelpunkt. Er weiß, wann und wie er glänzen muss, um sein Rudel zu motivieren. Doch er lässt seinen Glanz auf sein Umfeld abstrahlen und darum folgen ihm die Menschen.

Es liegt in unserer Natur, charismatische und souveräne Persönlichkeiten zu bewundern. Ihre Ausstrahlung zieht uns magisch an. Charismatische Wirkung erreicht man jedoch weder mit der Zurückhaltung des Arbeitstiers, noch mit der Zurschaustellung der Hyäne.

Der Löwe ist sich seines Charismas bewusst. Und ebenso bewusst setzt er es dort ein, wo er es braucht und hält es zurück, wenn jemand anderes glänzen soll.

Haben Sie sich schon einmal gefragt, wie Sie wirken, wenn Sie einen Raum betreten? Sind Sie sich dieses ersten Eindrucks Ihrer selbst bewusst?

Leider machen sich die wenigsten hierzu ihre Gedanken. Das ist sehr schade, denn wie heißt es so schön: „Für den ersten Eindruck gibt es keine zweite Chance!".

Alphas sind sich des Eindrucks, den sie machen, sehr bewusst und sie steuern diesen Eindruck ebenso bewusst. Sie haben sich sehr genau überlegt, wie sie wann wirken möchten. Und sie sind entsprechend vorbereitet: Wer erwartet mich in diesem Raum? Was will ich erreichen? Was sollte ich ausstrahlen?

Einem geborenen Alphas ist dies ein automatischer und unbewusster Prozess. Und auch denen, die es erst lernen, wird dieser Prozess mit Übung eine unbewusste Kompetenz. Angefangen bei den vorbereitenden Gedanken, bis zur Umsetzung in Gang, Mimik und Gestik. Die Körpersprache der Alphas zeigt Souveränität mit einem langsam schreitenden Gang, Körperspannung und zielstrebigen Bewegungen.

Ein weiterer wichtiger Wert ist das Wachstum – für einen Alpha. Hier geht es weniger um das materielle, als um das geistige Wachstum. Ein Alpha möchte einfach immer wieder eine besser Version seiner selbst werden. Dafür ist er bereit, an sich zu arbeiten, auch hart an sich zu arbeiten. Er hinterfragt sich und sein Verhalten kritisch. Dies aber nicht in der Manier des Arbeitstieres, um sich selbst schlecht zu machen, sondern um sich selbst stetig besser zu machen. Das ist seine Motivation. Für ihn gilt: Stillstand ist Rückschritt. Weder Stillstand noch Rückschritt sind akzeptabel. Ein Alpha stellt sich jeder Herausforderung. Und er hat Spaß dabei. Sein Nervenkitzel besteht darin, Herausforderung zu bewältigen. Langeweile ist etwas, das bei einem Alpha nicht aufkommt.

Mit Selbstvertrauen, Souveränität und Selbstsicherheit ausgestattet, genießt es ein Alpha sogar, Verantwortung zu übernehmen. In seiner Wahrnehmung ist der Grad der Verantwortung gleichbedeutend mit dem Grad seines Wachstums. Dabei geht es nicht nur um die Verantwortung für das eigene Leben, sondern auch gegenüber Kollegen, Mitarbeitern und Kunden. Alphas übernehmen gern Verantwortung, was sie zu guten Führern macht.

Das waren einige Alpha-Werte. Und welches sind Ihnen die wichtigsten Werte? Haben Sie sich darüber schon einmal Gedanken gemacht?

Sie können aus seinem riesigen Pool an Werten schöpfen: Wachstum, Gerechtigkeit, Macht, Reichtum, Prestige, Familie, Erfolg, Karriere, Anerkennung, Gemeinschaft, Wettkampf, Liebe, Wohlstand, Glaube, Freunde und so weiter und so weiter.

Werte bestimmen unser Denken und Handeln. Sie verkörpern sich in den Dingen, die in unserem Leben zählen. Und Werte wollen gelebt werden. Ist Ihr höchster Wert Liebe, dann sollte dieser Wert immer Vorrang vor allen anderen in Ihrem Leben und Arbeiten haben. Ein Alpha trifft all seine Entscheidungen nach seinen Werten. Wenn sich ein Alpha, dem der Wert Liebe heilig ist, also zwischen einer intakten Partnerschaft oder seiner Karriere entscheiden müsste, dann würde er ohne zu zögern die Partnerschaft vorziehen.

Wer sich seiner Werte allerdings nicht bewusst ist, wird so manche Entscheidung in seinem Leben bereuen, weil er erst im Nachhinein bemerkt, dass sich die Entscheidung falsch anfühlt.

Wer seinen Werten nicht traut, traut sich Entscheidungen nicht zu, sondern verweilt in inneren Konflikten.

Seinen Werten nicht zu folgen, ist gleichbedeutend mit innerer Zerrissenheit: Auf der einen Seite möchte man eine intakte Familie, aber auf der anderen Seite die Anerkennung über beruflichen Erfolg. Erst die Klarheit über die Werte bringt Zufriedenheit und Selbstbestimmung. Ohne Klarheit bedeuten Entscheidungen Konflikte.

Notieren Sie, was Ihnen im Leben wirklich wichtig ist. Was sind Ihre sieben wichtigsten Werte? Bitte ordnen Sie diese nach Wichtigkeit.

I.

II.

III.

IV.

V.

VI.

VII.

TIPPS

▸ Lernen Sie Herausforderungen zu lieben.

▸ Übernehmen Sie Verantwortung und finden Sie daran Gefallen.

▸ Entscheiden und handeln Sie niemals gegen Ihre Werte.

Fremdbild oder Selbstbild?
Die Wirkung macht´s!

Selbstbild: Die fünfte Ebene.

„Wenn Sie sich von Ihrem Selbstbild lösen, können Sie frei entscheiden, als täten Sie es zum ersten Mal." Deepak Chopra

Die Wirkung macht´s! Und? Wie sehen Sie sich selbst? Wie werden Sie von anderen gesehen?

Um sich selbst gut zu reflektieren, sind dies ganz entscheidende Fragen. Die Wirkung auf andere kann beeinflusst werden. Und diese äußere Beeinflussung hat viel mit dem inneren Selbstbild zu tun. Umso klarer das Bild von sich selbst, umso einfacher kann man es steuern, also bewusst einsetzen.

In dieser Ebene geht es um das Selbstbild und wie es optimal genutzt werden kann.

Jeder verfügt über ein Fremdbild, ein Eigenbild und ein projiziertes Bild:

‣ Eigenbild
  So sehen Sie sich selbst.

‣ Fremdbild
  So werden Sie von anderen gesehen.

‣ Projiziertes Bild
  So möchten Sie gerne gesehen werden.

Im Optimalfall sind sich die drei Bilder sehr ähnlich und die Betreffenden werden als authentisch erlebt.

Das Verlangen einer bestimmten Vorstellung zu entsprechen, stellt aber vielen ein Bein. Sie wirken wie sie wirken müssen, nicht wie sie wirken wollen. Und damit verbauen sie sich sehr viel.

Beide – Arbeitstiere wie Hyänen – haben beides – ein verzerrtes Eigenbild und ein verzerrtes Fremdbild. Die Hyäne überspitzt positiv und macht sich größer als sie ist. Das Arbeitstier überspitzt negativ und macht sich kleiner als es ist. Damit wirken sie wie zwei Magneten aufeinander. Plus- und Minuspol ziehen sich magisch an. Und auch wenn jede Erfahrung in dieser polarisierenden Beziehung irgendwann negativ endet, so verstehen sie sich anfangs doch gut, leben sie doch beide den gleichen Mechanismus der Unter- und Überordnung. Wen wundert es da, dass Arbeitstiere überzeugt sind, alle Vorgesetzten seien Hyänen?!

In einer polarisierenden Beziehung geht es nicht wirklich miteinander, aber ohne einander auch irgendwie nicht. Jede Seite versucht den anderen wegzustoßen und doch wieder an sich zu binden. Das ist das Wesen des Magnetismus. Wenn man etwas wegstößt, wird es automatisch wieder angezogen. Die Lösung lautet: Ich muss meinen eigenen Pol – nein, nicht umdrehen – sondern neutralisieren. Wie das geht? – Steigern Sie Ihr Selbstbewusstsein und schwupp, die Bindung löst sich auf.

Hyänen schaffen es sogar, dieses 'Oben-unten' zu übertreiben, indem sie ihr Umfeld in Hoch- und Niederrelevanz-Personen unterteilen. Den Hochrelevanz-Typen wollen sie gefallen, die Niederrelevanz-Typen dagegen sind zum Draufrumtrampeln da. Raten Sie mal, welcher Kategorie das Arbeitstier zugeordnet wird? Genau – tiefer geht es nicht.

Ein Alpha würde das nicht mit sich machen lassen und landet darum wo? Genau, in der Hochrelevanz-Kategorie. Das hilft dem Alpha, aber der Hyäne nicht, denn einem Alpha ist es gleich, was eine Hyäne von ihm erwartet oder hält. Ein Alpha ist selbstbestimmt, basta.

Und jetzt sind Sie wieder dran:

Fragen Sie Personen in Ihrem Umfeld, wie diese Sie wahrnehmen. Gleichen Sie ab, wie ähnlich sich Ihre drei Profile sind. Ich verspreche Ihnen ein großes Erstaunen.

Wenn Sie es genau wissen möchten, verweise ich auf die vielen Persönlichkeitstests in dieser Welt. Bei allen Tests geht es um Selbstreflexion. Ein Grundpfeiler Ihres Erfolges.

Und da sind wir wieder: Alphas sind selbstreflektiert. Nicht nur in eigener Sache, sondern auch im und für das Umfeld. Sie können sich auf alles und jeden einstellen.

Natürlich ist sich ein Alpha bewusst, dass er nicht perfekt ist. Doch das ist kein Grund zur Traurigkeit. Im Gegenteil. Er hat verstanden, wo seine Angriffsflächen sind und kann eine Gegenstrategie vorbereiten. So vermeidet er von anderen geschwächt zu werden, so entgeht er der Fremdbestimmung.

Und so können sie auch ihre vermeintlichen Schwächen in Stärken verwandeln. Umkehrung nennt man das.

In welchem Kontext könnte Ihre Schwäche eine Stärke sein? Hört sich verrückt an? Hilft aber! Sie steigern Ihr Selbstvertrauen, Sie garantieren Ihren Erfolg.

Jeder hat zudem ganze Unmengen an Fähigkeiten. Konzentrieren Sie sich also nicht sklavisch auf Ihre Unfähigkeiten, sondern öffnen Sie die Augen für gesunde Strategien, Ihre Schwächen in Stärken zu wandeln und Ihre Fähigkeiten einzusetzen.

Notieren Sie, wie Sie sich selbst sehen.

Und entscheiden Sie, wie Sie von Ihrem Umfeld gesehen werden möchten.

TIPPS

- ▸ Werden Sie sich Ihrer Fähigkeiten noch bewusster.
- ▸ Delegieren Sie die Dinge, in denen Sie nicht so gut sind.
- ▸ Werden Sie sich über Ihr projiziertes Bild bewusst.

Unterlasser oder Unterstützer? Überzeugen Sie Ihr Umfeld!

Vision: Die sechste Ebene.

„Vision ist die Kunst, Unsichtbares zu sehen." Jonathan Swift

Auf dieser Ebene geht es darum, wie Sie noch anziehender auf Ihr Umfeld wirken werden. Wie Sie Ihre Ideen besser verkaufen können. Denn auch von Alphas werden vor allem Ideen verkauft!

Diese Ebene beschäftigt sich mit dem Schlüssel zur wahren Führung.

Im Gegensatz zu den Arbeitstieren haben Alphas sehr große Ziele. Arbeitstiere haben – wenn überhaupt – die typischen 'Standardziele': ein schönes Haus, ein schickes Auto und eine glückliche Familie. Vielleicht denken Sie jetzt, dass das doch schon ganz ordentliche Ziele sind. Hallo Arbeitstier, aufgewacht! Aber vielleicht denken Sie ja auch: „Ach, da geht noch was!" Hallo Alpha!

Was, wenn ein Arbeitstier doch große Visionen umsetzen will? Dann ist seine Herangehensweise leider oft kontraproduktiv. Denn das Arbeitsprinzip der Arbeitstiere ist das Prinzip 'Ackergaul'. Doch große Ziele werden nicht beackert, sondern elegant erreicht – bei aller Arbeit. Ich frage mich, wer hat den Arbeitstieren die Idee aufgeschwatzt, dass man für seine Erfolge so hart ackern muss? Könnten das die Hyänen gewesen sein?

Liebe Arbeitstiere, weder gibt es nichts, noch gibt es den wahren Erfolg des Prinzips 'Ackergaul'. Für Arbeitstiere gilt: „Auf zu einer gerechteren Welt nach dem Prinzip der Alphas!"

Vor der Welt der Alphas riskieren wir einen Vorabblick auf die Hyänen. Hyänen haben keine Visionen, sie haben Illusionen. Ihnen fehlt der Bezug zur Realität und so sind ihre Träume deutlich zu groß für ihre Fähigkeiten. Sie hechten Luftschlössern hinterher und reagieren jähzornig, wenn die Luftblasen platzen. Aber treibt sie diese

Denkweise an? Ja, natürlich! Hyänen ziehen all ihre Motivation aus ihren Wunschträumen. Leider folgt der Über-Motivation zwangsläufig der Frust. Ziele können nicht nachhaltig erreicht werden, wenn man nicht bereit ist zu lernen. Also ist jedes Ziel für eine Hyäne auf Dauer unerreichbar.

Alphas dagegen haben keine Ziele. Alphas haben Visionen. Ihre Visionen aber entsprechen ihren Fähigkeiten und sind somit realistisch und erreichbar. Sind ihre Visionen groß? Selbstverständlich! Alphas lieben die Herausforderung. Doch bei aller Begeisterung wären sie nie so vermessen, sich Ziele zu setzten, die sie nicht erreichen könnten.

Bei der Zielerreichung setzen Alphas übrigens nicht nur auf die eigenen Fähigkeiten. Sie bauen sich ein starkes Netzwerk an Partnern und Helfern auf, um die einzelnen Etappen umzusetzen. Alphas haben etwas Wichtiges erkannt und verinnerlicht: Sie wissen, sie sind nur so gut, wie ihr Umfeld und die Menschen die sie unterstützen.

Dazu gibt es eine gute Geschichte. Ein Farmer, dessen Mais auf Landwirtschaftsmessen immer den ersten Preis gewann, hatte die Angewohnheit, seine besten Samen mit allen Farmern der Nachbarschaft zu teilen.

Als man ihn fragte, warum er das täte, sagte er: „Eigentlich liegt es in meinem ureigensten Interesse. Der Wind trägt die Pollen von einem Feld zum anderen. Wenn also meine Nachbarn minderwertigen Mais züchten, vermindert die Kreuzbestäubung auch die Qualität meines Kornes. Darum liegt mir daran, dass sie nur den allerbesten Samen pflanzen." *(Münchhausen, 2005)*

Und genau dieses Prinzip der 'Kreuzbestäubung' haben Alphas verstanden. Sie denken nicht nur daran, wie sie selbst das Beste für sich herausholen können, sondern auch wie ihr Umfeld dazu beitragen kann und im Gegenzug, was sie zu ihrem Umfeld beitragen können. Sie denken einfach in größeren Zusammenhängen als der

Durchschnitt. Dabei achten sie immer auf die Qualität der Beziehungen und Ergebnisse. Denn nur so können sie langfristig ein gutes Netzwerk aufbauen, um ihre Ziele zu erreichen.

Diese drei Fragen helfen Ihnen, Ihr förderndes Netzwerk gezielt aufzubauen, um Ihre Visionen zu erreichen und zu verbreite(r)n:

I. Was ist mein Ziel? Was ist meine Vision?

II. Wer kann mir dabei helfen, dieses Ziel, diese Vision zu verwirklichen?

III. Wo finde ich diese Person(en)?

Diese drei Fragen sind der Turbo! Und Ihre Antworten sind das Fundament Ihrer strategischen Erfolgsplanung.

Nachdem Sie die wichtige und alles entscheidende Frage nach Ihrem Ziel bzw. nach Ihrer Vision beantwortet haben, kommt die spannende zweite Frage: „Wer kann mir dabei helfen, mein Ziel, meine Vision zu verwirklichen?"

Wie ist es sonst, wenn wir uns ein Ziel setzen? Wenn wir etwas erreichen möchten? Wir fragen uns: „Wie kann ich dieses Ziel erreichen". Die meisten kommen gar nicht auf die Idee, sich unterstützen zu lassen. Wie wäre es aber, wenn der Farmer in meinem Beispiel die anderen Felder nicht mitbedient hätte? Hätte er sein Ziel erreichen können? Nein.

Schauen Sie also über den Tellerrand, entdecken Sie mögliche Unterstützer und überzeugen Sie sie, Ihre Verbündeten zu werden.

Ihre Zukunft planen Sie selbstverantwortlich für sich allein, aber Sie gestalten sie nicht alleine. Mit einem starken Netzwerk erreichen Sie Ihre Ziele schneller und nachhaltiger. Machen Sie es wie die Alphas, suchen Sie sich starke Unterstützer.

Arbeitstiere meinen alles selbst machen zu müssen. Sie glauben, dass sie schwach wirken, wenn sie um Unterstützung bitten. Das sorgt über kurz oder lang dafür, dass sie ausgebrannt und gestresst sind. Das wiederum macht sie noch anfälliger für Hyänen. Den Hyänen sind die überlasteten Arbeitstier leichte Beute. Sie versprechen ihnen das Blaue vom Himmel für nur ein kleines bisschen mehr Anstrengung, dabei nutzen sie den erschöpften, verwirrten Zustand der Arbeitstiere gnadenlos aus. Für das Arbeitstier ist dies eine furchtbare Negativspirale, aus der es scheinbar keine Entrinnen gibt: immer mehr Arbeit, immer mehr Druck – und das alles für leere Versprechungen.

Meine größte Herausforderung und meine Leidenschaft als Coach ist es, Arbeitstiere zu Alphas aufzubauen. Dabei beginnen wir damit, einschränkenden Glaubenssätze aufzulösen. Die meisten Arbeitstiere haben hier ihre größten Einschränkungen. Ihr Glaubenssystem produziert Sätze wie „Wenn mein Chef mir das sagt, dann muss ich das auch machen!" „Ich kann nicht einfach NEIN sagen!" „Ich werde dafür bezahlt, also muss ich meine beste Leistung bringen. Es interessiert ja keinen, wenn es über meine Grenzen geht!"

Auch so manche Unternehmer haben solche einschränkenden Glaubensätze: „Wenn ich es nicht selbst mache, dann wird es nicht gut genug!", „Ich kann mir noch niemanden für meine Steuern leisten, also mache ich es in Nachtarbeit selbst!" Und so weiter und so weiter.

Das Schlimmste an einschränkenden Überzeugungen ist, dass sie wahr werden können. Denn alles, worauf wir unseren Fokus lenken, trifft ein. Ist unser Zielfokus durch einschränkende Glaubenssätze getrübt, gewinnt der Glaubenssatz und nicht das Vorhaben. Und ganz besonders das 'Alles-können-und-alles-machen-müssen' ist der Anfang vom Ende. Denn Aufgaben und Anforderungen werden mehr und größer, die Arbeitstage immer länger und die Nächte kürzer. Irgendwann stellt sich die Frage, wie lange man das noch aushalten kann. Und das ist auch wieder typisch Arbeitstier. Ein Alpha fragt sich nicht, wie lange er das aushalten kann, sondern wie lange er das aushalten möchte. Das ist der entscheidende Unterschied.

Ein Alpha arbeitet nicht für Liquidität, sondern für Rentabilität. Was bedeutet das? Arbeitstiere arbeiten für Liquidität, also von der Hand in den Mund. Sie sind mehr Tagelöhner als Unternehmer. Hyänen wollen Unternehmer sein, doch die Gier und die geringe Lernbereitschaft bewirken, dass sie sich finanziell und energetisch übernehmen. So enden die Hyänen ähnlich überlastet, wie die Arbeitstiere. Da Hyänen nicht dafür bekannt sind aus Fehlern zu lernen, werden sie aber nicht ihr Verhalten verändern. Im Gegenteil, jetzt da sie selbst gestresst sind, akzeptieren sie von ihren Arbeitstieren keinen geringeren Überlastungsgrad und kein geringeres Stresslevel als sie es für sich und ihr Umfeld verschulden.

Wenn Sie aber wie ein Alpha in Rentabilität denken, also unternehmerisch, dann fragen Sie immer nach der Wirtschaftlichkeit Ihrer Aktionen. Sie denken langfristig, aufbauend, wie ein Unternehmer für sein Unternehmen, wie Eltern für ihre Kinder – fürsorglich und wohlwollend auf die Zukunft ausgerichtet.

Wieder lautet meine Frage an Sie: Was möchten Sie sein? Arbeitstier oder Alpha?

Lautet Ihre Antwort: „Alpha!", dann beglückwünsche ich Sie zu einer gesunden Einstellung. Im nächsten Schritt geht es jetzt für Sie darum Unterstützer zu finden. Denn Alphas jagen immer im Rudel!

Noch einmal die Schlüsselfrage: Wer kann mir helfen, meine Ziele zu erreichen?

Ist es vielleicht der Chef, ein Vorgesetzter, die Kollegin, ein Geschäftspartner.... Da sind so viele Möglichkeiten, die wollen erst einmal sondiert werden.

Ich empfehle: Holen Sie sich als Unterstützer jemanden ins Boot, der bereits das erreicht hat, was Sie noch erreichen möchten. Rufen Sie seine | ihre Erfahrungen und Tipps ab. Sie werden feststellen, man wird Ihnen gerne helfen. Menschen mögen es, gebraucht zu werden. Alphas auch. Sie fühlen sich dann nicht ausgenutzt, sondern wertvoll und geschätzt. Nutzen Sie dieses Phänomen für Ihre Ziele.

Eine weitere wichtige Frage lautet: Wer hat die Zielgruppe, die ich brauche, um mein Ziel zu erreichen?

Bauen Sie genau dort und gemeinsam Kontakte auf. Es ist eine Frage der Kooperation.

Ich mache das zum Beispiel beim Feminess Business Kongress jedes Jahr genau so. Ich gehe Kooperationen mit Businessnetzwerken für Frauen ein. In diesen Netzwerken sind eben die Frauen, die sich für den Kongress interessieren. Ich mache im Gegenzug Werbung für das Frauennetzwerk, während das Frauennetzwerk Werbung für meinen Kongress macht. Es ist ein reines Win-Win-Verhältnis. Und genau darauf gilt es zu achten: Win-Win – beide Seiten gewinnen.

Um Menschen von einem Win-Win-Verhältnis zu überzeugen, müssen Sie Ihre Überzeugungskraft einsetzen. Auch wenn es um den Netzwerkaufbau geht. Und natürlich – auch hier spielen Alphas in der Meisterklasse. Obwohl sie sich zu Höherem berufen fühlen und große Visionen haben, stellen sie sich doch niemals über die Menschen. Im Gegenteil, sie stecken ihr Umfeld mit ihren Visionen an.

Mutter Teresa ist für mich eines der beste Beispiele: Sie wollte den Hunger auf der Welt stoppen, nicht bloß in Hamburg, sondern in der ganzen Welt. Zugegeben, das ist ein stattliches Ziel. Doch das war ihre Vision. Und ihr war klar, dass es alleine schwierig werden würde. Also ging sie voller Überzeugung ans Werk und 'infizierte' Menschen mit ihrer Idee. Innerhalb kurzer Zeit konnte sie mehrere tausend Unterstützer gewinnen – für sich, für ihre Vision – gegen den Hunger in der Welt. Heute gehören den Missionaren der Nächstenliebe über 3.000 Ordensschwestern und mehr als 500 Ordensbrüder in 133 Ländern der Erde an. Wahnsinn! Das nenne ich Überzeugungskunst.

Sie müssen aber nicht gleich die ganze Welt retten. Was im Großen funktioniert, funktioniert auch im Kleinen. Und? Was ist Ihre kleine oder große Vision?

Ein Alpha lässt sich nicht von seiner Vision abbringen. Allerdings – bemerkt ein Alpha, dass eine Sache nicht funktioniert, ist er der erste, der sie überdenkt, optimiert oder über Bord wirft.

Ist eine Hyäne dagegen von einer Sache überzeugt, dann gibt es daran nichts mehr zu rütteln. Jeder Versuch sie umzustimmen ist zwecklos.

Wie wäre es mit einem Hyänen-Beispiel?

Ein Mann geht zum Arzt in der festen Überzeugung tot zu sein. Alle Versuche des Arztes, ihm das Gegenteil zu beweisen, schlagen fehl.

Schließlich zieht dieser seinen letzten Trumpf und fragt: Sagen Sie mal, bluten Leichen eigentlich? Der Patient antwortet entrüstet: „Natürlich nicht!" Daraufhin nimmt der Arzt eine Nadel und sticht dem Patienten in die Hand. Er blutet.

Der Arzt fragt: „Na, was sagen sie jetzt?" Und sein Patient antwortet: „Oh, ich habe mich getäuscht, Leichen bluten doch!" (Münchhausen, 2005)

Hyänen sind schlicht unverbesserlich, verbohrt und uneinsichtig. Sie rücken nicht von ihrer Meinung ab, egal wie unlogisch sie ist und egal wie eindeutig sie widerlegt wurde. Bringt ihr dieses Verhalten Freude? Nein! Bringt dieses Verhalten Freunde? Natürlich nicht! Hyänen sind zusätzlich noch bereit, sich mit ihren Überzeugungen Feinde zu machen. – Das muss man schon wollen.

Arbeitstiere dagegen lassen sich zu schnell von ihrem Standpunkt abbringen. Eine zweifelnde Rückfrage wie: „Denkst du das wirklich?" und schon kommen sie ins Grübeln. Das Fähnchen im Wind erfährt natürlich nie Anerkennung oder die Erreichung seiner Ziele.

Alphas haben selbstverständlich einen klaren Standpunkt. Und sie bleiben standhaft, wenn es darum geht, ihre Meinung zu vertreten. Keineswegs lassen sich nicht von ihrem Ziel abbringen. Das darf aber nicht mit der Verbohrtheit der Hyänen verwechselt werden. Denn wenn ein Alpha feststellt, dass etwas nicht funktioniert, dann ändert er den Weg, die Vorgehensweise und eventuell auch die Zieldefinition. Dann wird der Fokus zurück auf die Erreichung des optimierten Zieles gerichtet.

Alphas konzentrieren sich auf das, was funktioniert. Sie infizieren ihr Umfeld mit ihrer Vision. Es ist, als würden sie ihren Mitmenschen diese besondere Vision besonders schmackhaft machen, wie es auch ein guter Verkäufer kann. Alphas begeistern und reißen alle mit – so sichern sie sich die Unterstützung des Umfeldes.

Was ist das besondere Geheimnis der Alphas? Ganz einfach, sie sprechen über allgemeingültige Visionen, Visionen, die jeder verstehen und nachvollziehen kann. Ihre Visionen sind die Visionen mit denen sich das Umfeld identifiziert. Ein Alpha sagt nicht: „Mein Ziel ist es, die Wahl zu gewinnen!", denn dann hört er: „Schön, viel Erfolg dabei!". Ein Alpha sagt: „Mein Ziel ist es, diese Wahl zu gewinnen, damit ich Menschen unterstützen kann, noch erfolgreicher zu werden!" Jetzt fühlen sich seine Zuhörer angesprochen. Sie fühlen sich abgeholt und verstanden. Ja, sie können sich sogar damit identifizieren. Jetzt sind sie dabei. Jetzt hat er Verbündete.

Eine schöne Metapher sagt: „Wenn Du ein Boot bauen willst, sprich nicht von der Holzarbeit, sprich von der Freiheit auf See!" Und so fragt sich ein Alpha: „Was haben die anderen davon, wenn ich meine Vision erreiche?" Und diesen Gewinn der anderen kommuniziert er. Es sagt: „Das ist es, was du davon haben wirst." Spräche er nur von seiner Vision, von seinen Ergebnissen, von seinem Gewinn, würden sich die Menschen fragen: „Was habe ich davon?" Alphas aber können zu jeder Zeit eine befriedigende Antwort auf diese Wünsche der anderen geben. Achtung, Alphas geben kein leeren Versprechen, wie es die Hyänen tun. Alphas bieten ein glaubwürdiges Angebot zur Zusammenarbeit.

Im Kapitel – Charisma – bekommen Sie noch mehr Überzeugungs-tipps. Seien Sie gespannt.

Betrachten wir noch einmal Dilts Pyramide der neurologischen Ebenen. Jede Ebene steht in direkter Verbindung mit der darüber liegenden Ebene. Nach Dilts Konzept bestimmt unsere Umwelt unser Verhalten. Verändern wir unsere Umwelt, verändert sich automatisch unser Verhalten.

Möchten wir also ein anderes Verhalten an den Tag legen, dann müssen wir damit beginnen, an unserer Umwelt zu arbeiten. Hier stellt sich die Frage: „Wie muss meine Umwelt aussehen, damit ich diese bestimmte Fähigkeit ausbauen kann?" Und dann kommt der schwierige Part der Umsetzung. Jetzt müssen wir ins Handeln kommen und unser Umfeld auf unsere Antworten anpassen.

Und in Dilts Pyramide geht es weiter nach oben: Unsere Fähigkeiten entwickeln wir durch unser Verhalten. Wenn wir unsere Fähigkeiten ausbauen möchten, müssen wir an unserem Verhalten arbeiten. Die Frage dazu lautet: „Wie muss ich mich verhalten, um eine bestimme Fähigkeit auszubauen?"

Wenn das Selbstbild gestärkt werden soll, dann muss an den Fähigkeiten gearbeitet werden. Denn die Vielzahl unserer Fähigkeiten bestimmt die Größe unseres Selbstbildes. Und das Bild von uns selbst bestimmen unsere Werte. Unsere Werte bestimmen unsere Vision.

Selbstbild und Werte leiten sich zusätzlich von unserer Wahrnehmung auf die Welt ab. Was wir für richtig und wichtig halten.

Das, was wir erleben, beherrscht und das, was uns wichtig ist, bestimmt unsere Vision.

Die oberen Ebenen beeinflussen also auch die unteren Ebenen. Unsere Vision beeinflusst unsere Werte und unser Selbstbild. Unsere Überzeugen wiederum beeinflussen unsere Fähigkeiten. Wenn wir von etwas überzeugt sind, im negativen wie im positiven Sinne, dann hat das Einfluss auf unsere Entscheidungen, unsere Fähigkeiten und unser Handeln. Und das, was wir tun, hat wiederum direkten Einfluss auf unsere Umwelt. So schließt sich der Kreis.

Alphas sind sich jeder dieser Ebenen bewusst. Sie wissen exakt, wie diese Ebenen miteinander zusammenhängen. Sie reflektieren die Auswirkung jeder Ebene auf ihr Leben. Sie hinterfragen jede einzelne Ebene und prüfen deren IST-ZUSTAND.

Das können Sie auch, indem Sie sich die folgenden Fragen zu den einzelnen Ebenen stellen:

I. UMWELT
Mit wem oder was umgebe ich mich?

II. VERHALTEN
Wie verhalte ich mich? Wie bin ich privat und beruflich?

III. FÄHIGKEITEN
Wo liegen meine Stärken? Was kann ich besonders gut?

IV. WERTE
Was ist mir besonders wichtig? Worauf lege ich im Leben besonders viel Wert?

V. SELBSTBILD
Wie sehe ich mich selbst? Was denke ich von mir?

VI. VISION
Was möchte ich erreichen? Was ist mein großes Zielß

Notieren Sie hier Ihre Vision. Was treibt Sie an?

- ▸ Haben Sie immer ein klares Ziel vor Augen.

- ▸ Teilen Sie Ihre Vision mit Ihrem Umfeld. Das lässt Sie charisma-tischer wirken.

- ▸ Bauen Sie sich starke Netzwerke auf.

Die Alpha DNA kurz gefasst!

- Die Alpha DNA unterstützt Sie in jeder Lebenslage.

- Bauen Ihr Selbstvertrauen und Selbstbewusstsein immer weiter auf.

- Alphas suchen sich ein Umfeld aus, das sie dabei unterstützt, ihre Ziele zu erreichen.

- Sie orientieren sich an Menschen, die besser sind als sie. Dadurch erzielen sie schnellere Erfolge.

- Sie haben klare Ziele vor Augen und suchen sich Unterstützer, um diese zu erreichen.

- Sie haben den nächsten Schritt immer schon im Kopf.

- Alphas sind selbstbestimmt.

- Sie legen ihren Fokus auf Erfolg.

- Sie wissen, wie sie sich verhalten müssen, um ihr gewünschtes Ergebnis zu erreichen.

- Sie zeigen ihre Wertschätzung nach außen.

- Sie stehen über den Dingen und bleiben gelassen.

- Alphas sind überzeugt von ihren Fähigkeiten.

- Sie bestimmen selbst, wie sie sich fühlen und nutzen dazu gezielte Techniken.

- Sie besitzen die Fähigkeit der Selbstreflexion.

- Alphas verkaufen Ideen.

- Sie treten überzeugungsstark und souverän auf.

Die Alpha DNA

|

Körpersprache

KÖRPERBENUTZER ODER KÖRPERBESITZER?
SETZEN SIE SICH IN SZENE!

Wussten sie, dass John F. Kennedy die Körpersprache des Schauspielers Cary Grant nachahmte? Jetzt könnte man sich die Frage stellen, wie ein Spitzenpolitiker aus einer privilegierten Familie dazu kommt, einen Schauspieler zu modellieren. Ganz einfach. Cary Grant galt zu seiner Zeit als einer der smartesten Schauspieler Amerikas. Er wirkte weltmännisch und genau so wollte Kennedy wahrgenommen werden.

Grant spielte 30 Jahre lang ausschließlich Hauptrollen und war schon früh an der Spitze Hollywoods angekommen. Bei allem Erfolg, war hinter seiner perfekten Fassade immer der warmherziger Gentleman zu spüren – niemals zynisch, niemals arrogant.

Männliche Zuschauer wollten so sein wie er. Frauen wollten einen Mann wie ihn. Cary Grant war der Traummann seiner Zeit. Kein Wunder also, dass John F. Kennedy ebenfalls von ihm begeistert war. Und? Er hat ihn gut modelliert! Ein Grund mehr für seine gigantische Popularität.

Doch es gibt auch die Gegenbeispiele, bei denen es nicht klappt, in denen ein falsches Vorbild alles verdirbt.

Ein ehemaliger Kollege arbeitete jahrelang mit einem der erfolgreichsten Motivationstrainer Deutschlands. Das, besser der, hat ihn verdorben.

Mein Kollege betrieb das Modelling bis zur Perfektion – doch von was? Er ist nicht mehr er selbst. Er ist keine eigenständige Persönlichkeit mehr. Er ist einfach nur noch eine schlechte Kopie von jemand anderem. Mimik, Gestik, Stimmmodulation und Körperhaltung, alles gleich!

Beide nebeneinander zu sehen ist lustig und schrecklich zugleich. Komisch, dass er das nicht selbst wahrnimmt. Ganz offenkundig sind auch hier Selbstwahrnehmung und Fremdwahrnehmung zweierlei.

Mein persönlicher Kommentar: Ziel verfehlt. Es geht ums Optimieren, nicht ums Kopieren!

Optimieren erfolgt durch Studieren. Es geht um das Studieren erfolgreicher Menschen, u.a. ihrer Körpersprache.

Erfolg ist sicherlich subjektiv. Es kommt immer darauf an, wo Sie jetzt stehen und was Sie noch erreichen möchten. Welche Personen nehmen Sie als gutes Model wahr? Ich meine damit kein Kleidermodel wie Heidi Klum oder vielleicht doch? Ein Model – ein Vorbild – können auch die folgenden drei Personen sein: Barack Obama, Angela Merkel und Steve Jobs. Sie alle kommunizieren nicht nur über ihre Stimme, sondern auch über ihren Körper. Natürlich bewegen sie sich sehr unterschiedlich, dennoch strahlen sie alle eine enorme Souveränität aus. Sie zeigen uns bestimmte und sehr individuelle Gesten der Macht.

Für Sie geht es nun darum, förderliche Ausdrucksweisen wahrzunehmen und für sich selbst anzunehmen.

Jeder nimmt positiv Einfluss auf sein Umfeld. Beruflich wie privat. Ein Trick besteht darin, die Körpersprache erfolgreicher Menschen zu modellieren. Unsere Körpersprache drückt aus, was wir – bewusst oder unbewusst – denken. Einige sagen, dass nur 5% unseres Handelns vom Bewusstsein gesteuert sind. Das würde bedeuten, dass bei unachtsamen Menschen 95% der Körpersprache unbewusst ablaufen.

Wollen Sie einen Menschen richtig verstehen? Lernen Sie seine Körpersprache zu verstehen. Körpersprache ist der größte Part der Kommunikation. Wie setzen Sie diesen wichtigen Part richtig ein?

Paul Watzlawik sagte: „Wir können nicht nicht kommunizieren." Und es stimmt, egal was wir denken, unser Körper spiegelt es. Unsere Gedanken werden über unseren Körper nach außen transportiert. Spielt sich in Ihren Gedanken Unsicherheit ab, dann sieht man das auch in Ihrer Körpersprache.

Was nun? Es geht darum, seinen Körper nicht nur zu besitzen, sondern aktiv und bewusst zu nutzen, also einzusetzen, so wie es ein Schauspieler tut, um zu überzeugen. So macht es auch ein Alpha.

Und glauben Sie mir, in diesem Kapitel geht es weit über das Thema Gesicht und Arme hinaus. Wir gehen tiefer – tiefer in die Geheimnisse der einflussreichen Körpersprache.

Alphas sind prädestiniert dafür, modelliert zu werden. Ihre Körpersprache ist ausdrucksstark. Um genau zu sein, führen sie in erster Linie nonverbal mit ihrer Körpersprache – weit mehr als mit Worten.

Im Umkehrschluss achten Alphas ganz genau auf alle nonverbalen Zeichen. Das hilft ihnen, sich nicht vom Gesagten blenden zu lassen. Sie kennen doch den Vers aus der Bibel: „An ihren Taten sollt ihr sie messen!" Dies haben Alphas verinnerlicht, also konzentrieren sie sich auf das Tun und das Wie des Tuns. So nehmen sie alle wichtigen Informationen wahr und verstehen ihr Gegenüber auf besondere Weise.

Entlarven wir zuerst die Arbeitstiere. Wie ist deren Körperhaltung?

Wenn es sich nicht gerade um ein überspanntes Arbeitstier handelt, dann fehlt es ihm typischweise an Körperspannung. Hängende Schultern sind da keine Seltenheit. Gang und Bewegungen sind dabei aber eher hektisch, denn sie haben keine Zeit. Im Kontakt ist ihre Körperhaltung dem anderen zugeneigt, offen und nach vorn gebeugt. Sie versuchen damit, die Beziehung aufzubauen.

Hyänen ist der Beziehungsaufbau natürlich egal. Und so verwundert es nicht, dass sie sich – ganz im Gegenteil zu den Arbeitstieren – sogar trauen, vom Gesprächspartner unhöflich abzuwenden. Ist da gerade etwas Wichtigeres in ihrem Umfeld, lassen sie ihren Gesprächspartner einfach links liegen. Ihre Körpersprache drückt aus, was sie denken: „Du bist nicht wichtig genug!"

Wenn Sie an eine Hyäne in der Tierwelt denken, welches Bild haben Sie im Kopf? Meistens kommt die Antwort: „Klein und buckelig." Und das stimmt auch. Das bedeutet nicht, dass auch alle menschlichen Hyänen einen Buckel haben, dennoch laufen sie so huppelig angespannt, wie es nur ein krummer Buckel erlaubt. Der Gang ist ruckartig, hektisch und verkrampft. Die Atmung verbleibt im oberen Brustbereich, ist kurz und wirkt verspannt.

Und jetzt rufen Sie sich das Bild eines Löwen vor die Augen. Was fällt Ihnen spontan ein? „Groß und stolz!" Die Haltung der Löwen, bzw. der Alphas fällt auf. Sie gehen aufrecht und bedacht. Ihre gerade und dabei natürliche Körperhaltung wirkt vertrauenswürdig. Sie strahlen Souveränität aus. Um genau zu sein laufen Löwen gar nicht, sie schreiten. Kein Vergleich zum Gehuppel einer Hyänen. Man muss kein Experte sein, um zu erkennen, wer eine bessere Wirkung hat.

Der Gang ist meist das Erste, was man von seinem Gesprächspartner sieht, oft noch bevor er den Mund aufmacht. Und schon zu diesem frühen Zeitpunkt werden die ersten Zeichen gesetzt. Ein Gang zeigt Tatkraft, Energie und Ausdauer – oder eben nicht. Er zeigt Ruhe, Souveränität und Gelassenheit – oder eben nicht. Der Gang einer Person macht dem Umfeld unmissverständlich klar, wer da eigentlich kommt.

Ein Alpha, der Kraft zum Ausdruck bringt, läuft zielstrebig, energisch und schnell. Er wirkt dabei bedacht, anmutig und stolz. Alphas schaffen es brillant, ihren Gang in jeder Situation optimal einzusetzen. Ihr Bewusstsein über die eigene Wirkung ist das A und O ihres Charisma.

Wenn Sie wollen, dann können Sie lernen, Ihren Gang bewusst einzusetzen. Auf dem Laufsteg der Möglichkeiten können Sie lernen, Ihre Kompetenzen erst bewusst und dann automatisch durchscheinen zu lassen.

Von Ihrer Körperspannung lässt sich übrigens auch Ihre Willensstärke ablesen. Sind Ihre Schultern oben, der Rücken gerade und Ihr Kopf aufrecht, kann man die Energie schon bei Ihrem Anblick spüren.

Ich kann es manchmal nicht glauben, wie einige Menschen durch die Gegend laufen. Sie gehen, als hätten sie eben erst die schlimmste Nachricht ihres Lebens erhalten. Das wirkt auch auf mich niederschmetternd und abstoßend. Diese Körperhaltung der Pessimisten, der Rangniederen, der Loser will niemand sehen, denn niemand will ein Loser sein oder mit einem Loser zusammen sein.

Unser Körper spiegelt unsere Gedanken. Und mit einer niederen Haltung erreicht man keine hohen Ziele, mit einer pessimistischen Haltung, hat man keine positiven Gedanken.

Nun beginnt die Körperhaltung aber nicht bei den Schultern, sondern bei den Füßen. Auch die Fußhaltung lässt vieles über die innere Einstellung erkennen.

Alphas weisen sich durch gerade nach vorn ausgerichtet Fußspitzen aus. Klar, sie wollen nach vorne und sind zielorientiert!

Den meisten Menschen ist es scheinbar nicht nur egal, wie sie stehen, es ist ihnen scheinbar auch gar nicht bewusst. Aber mal ganz ehrlich. Würden Sie mit jemanden einen großen Deal eingehen, wenn die Fußspitzen Ihres zukünftigen Geschäftspartners nach innen zeigen? Was denken Sie? Unsicherheit? Schüchternheit? Würden Sie ihm Ihr Geld oder Ihre berufliche Zukunft anvertrauen?

Ich kann mir nicht vorstellen, dass Menschen wirklich so verdreht wirken wollen, wie sie ihre Füße setzen. Vielen fehlt es schlicht an der Wahrnehmung ihrer Körperhaltung. Und doch ist es so wichtig, den Blick für die eigene Körpersprache zu schärfen, sich selbst auch kritisch zu begutachten und störende Angewohnheiten zu ersetzen. Kontrolle über die eigene Körpersprache zu erlangen, ist der Top-Tipp des Tages!

Alphas kontrollieren ihre Bewegungen sehr genau. Dabei überlassen sie selten etwas dem Zufall. Sie wissen, sie wirken über ihre Körpersprache und setzen diese bestmöglich und bewusst ein. Sie präsentieren sich bedacht, auch wenn sie gestresst sind. Stress lassen sie sich nicht anmerken, was den Eindruck verstärkt, man könne ihnen nichts anhaben. Ein Stück weit ist das auch so, da sie Stress nicht so nah an sich heran lassen, doch ein gutes Stück des Weges mogeln sie wie alle Menschen, denn sie wissen: Gelassenheit wirkt souverän. Und auf die Wirkung kommt es an!

Davon können sich die Hyänen und Arbeitstiere eine Scheibe abschneiden. Ihnen merkt man den Stress sofort an, an ihrer Körpersprache und in ihren Worten. Hyänen werden hektisch und abwertend. Arbeitstiere werden hektisch und hysterisch

Ihre neue Faustregel lautet: Umso gestresster ich mich fühle, desto langsamer bewege ich mich. Damit sind Ihr Gang, und alle anderen Bewegungen gemeint, wie Arme, Rumpf und Mimik.

Das gilt auch und ganz besonders bei angeregten Gesprächen.

Achten Sie doch einmal auf die Körperhaltung zweier Gesprächspartner. Läuft es gut, stimmen die Beteiligten permanent mit einem Kopfnicken dem Gesagten zu. Damit bauen sie eine Beziehung auf. Der Oberkörper wird auch noch nach vorne gebeugt, um die Aufnahmebereitschaft des Gesagten zu verdeutlichen. Für den Beziehungsaufbau ist das super. Deshalb ist es die beliebteste, wenn auch unbewusste Technik der Arbeitstiere. Sie lächeln dabei nett und stimmen allem zu. Das mag der Gesprächspartner, besonders die Hyäne. Die quittiert ein solches Zuvorkommen aber gern auch mal mit einer abwertenden Körpersprache, denn sie ist sich sicher, dass sie es mit einem solch grenzdebil lieben Arbeitstier machen kann.

Bitte machen Sie den Test. Sprechen Sie angeregt mit einer Person. Seien Sie nett. Und plötzlich werden Sie zur Hyäne und unterbrechen das Gespräch, um sich seitlich wegzudrehen.

Wenn Sie mit einem Arbeitstier sprechen, wird dieses kurz in Schock und Stocken geraten und freundlich auf Sie warten.

Wenn Sie aber mit einer Hyäne sprechen, dann geht es jetzt richtig rund. Und es wird ausgekämpft, wer der Arrogantere ist.

Wenn Sie mit einem Alpha sprechen, wird er sich Ihre Szene leicht amüsiert betrachten, den Kontakt freundlich beenden und das war sie dann, Ihre große Chance mit einem Alpha voran zu kommen. Ein Alpha vergibt, aber vergisst nicht. Der Drops ist gelutscht.

Ein Gespräch wird in erster Linie nicht über die Argumente der Gesprächspartner geführt, sondern über die Körpersprache. Diese legt fest, wer führt und wer folgt. Ein paar Beispiele gefällig? Die Person, die nicht nickt, führt automatisch die nickende Person. Ein Alpha nickt nicht, weder ein, noch zu. Ein Alpha ist wach und neigt bisweilen zustimmend das Haupt.

Probieren Sie es aus. Halten Sie Ihren Kopf einfach mal still, während Ihr Gesprächspartner zustimmend nickt. Nach kurzer Zeit ist er irritiert. Jetzt ist der Moment, in dem Sie die Gesprächsführung übernehmen sollten. Besonders bei Verhandlungen ist das ein entscheidender Moment. Diese Technik ist dafür gedacht, die Führung zu übernehmen. Für einen Beziehungsaufbau dagegen ist das zustimmende Nicken förderlich. Passen Sie Ihre Körpersprache also Ihren Zielen an.

Und so lässt sich der Rat auf alles in Sachen Körpersprache übertragen. Dabei fällt mir immer wieder die Sitzhaltung auf. Besonders in Kundengesprächen, Gehaltsverhandlungen oder Beförderungsgesprächen ist sie ein entscheidender Faktor.

Hier stehen sich die Arbeitstiere wieder selbst im Weg und verbauen sich ihre Chancen durch unbewusste einschränkende Dinge. Sie sitzen entweder zu sehr nach vorne gebeugt, um besser nicken zu können, oder sie sitzen viel zu weit hinten, um mehr Luft zum Atmen zu haben. Sie sind kaum entspannt, eher verkrampft, ringen mit ihren Fingern oder klammern sich irgendwo fest, notfalls am Kugelschreiber. Hauptsache, sie haben etwas zum Festhalten. Das Umfeld bemerkt ihre Unsicherheit sofort.

Bei Vorträgen ist das natürlich das gleiche. Es gibt nichts Schlimmeres, als einen Referenten, der sich an seinem Pult festklammert. Das ist nicht souverän, sondern bewirkt Fremdschämen beim Publikum. Wenn jemand tatsächlich so nervös ist, dann gibt es nur zwei Möglichkeiten: einen anderen Job zu wählen oder die Pobacken zusammenzukneifen und durchzustarten.

Alphas sitzen im Gespräch locker aufrecht. Dabei brauchen sie sich nicht einmal anzulehnen. Ihr Kopf ist gerade und ruhig. Ungewohnt, denken Sie? Mit Sicherheit, aber sehr effektiv. Sie strahlen dadurch Willenskraft und Stärke aus. Zwischendurch lockern sie ihre Sitzhaltung. Alphas lachen auch gern mit ihrem Gegenüber, sie bauen Beziehung auf und das alles mit einer selbstsicheren aufrechte Körperhaltung. Der elegante Wechsel zwischen Anspannung und Entspannung lässt sie charismatisch wirken, was ihre Akzeptanz erhöht.

Ich habe nun schon oft das Wort 'Beziehungsaufbau' genutzt. Der Beziehungsaufbau ist ein wesentlicher Bestandteil des Erfolges. Und: Der Beziehungsaufbau ist eine der Paradedisziplinen der Alpha.

Achten auch Sie darauf, dass Sie Beziehungen angemessen aufbauen und pflegen. Ohne unterwürfig zu sein, lassen Sie Raum. Ohne zu überfrachten, überzeugen Sie. Dabei ist eine klare Kommunikation unumgänglich.

Harte Arbeit haben vor allem die weiblichen Arbeitstiere vor sich, wenn es darum geht, den Kopf gerade zu halten. Manchmal möchte ich ihnen zu Übungszwecken eine Halskrause verordnen. Denn der liebenswürdige Knickhals ist so konditioniert, dass sie immer wieder in die Anbietpose verfallen.

Bitte machen Sie einen kleinen Test. So, wie Sie jetzt gerade sitzen, ja, genau so, frieren Sie Ihre Körperhaltung im Rumpf ein und stellen sich vor einen Spiegel. Na? Ist Ihr Kopf gerade? Bei einem Arbeitstier fühlen sich Hals und Kopf normal an, wenn sie abgeknickt sind. Darum muss die aufrechte Haltung auch so hartnäckig geübt werden.

Warum das harte Üben? Eine aufrechte Haltung ist die Grundvoraussetzung für jeden Erfolg, egal was Sie erreichen möchten. Und dieser Appell richtet sich an die Damen wie an die Herren.

FAUSTREGEL

Ein liebenswürdiger Knickhals bedeutet ebenso wenig Widerstand wie Erfolg.

Ein aufrechter Kopf bedeutet wenig Widerstand, aber großen Erfolg.

Warum? Wenn Sie nett und adrett aussehen, wirken Sie harmlos und bewirken wenig Widerstand. Gleichzeitig traut man Ihnen auch kaum etwas zu. Der Knickhals mindert den Respekt.

Und wer setzt seine Ideen durch? Der, der respektiert wird!

Die souveränen und ausladenden Bewegungen der Alphas machen deutlich: „Das ist mein Revier!" Wenn Alphas etwas sagen, dann spricht der ganze Körper ein und dieselbe Botschaft. Hier gibt es keine Ungereimtheiten.

Sie sind unsicher, wie weit Sie sich vorwagen dürfen? Sicherlich viel weiter, als Sie es vermuten. Dazu verrate ich Ihnen, dass Sie vor einer Gruppe weit ausholender agieren dürfen, als im engen Einzelgespräch. Gestikulieren Sie einfach so, wie Sie es im entspannten Zustand mit Ihren Freunden machen, das wirkt natürlich und überzeugend.

Wie wirken sich Ihre Gedanken auf Ihre Körpersprache aus?

Stellen Sie sich vor den Spiegel und sagen Sie sich: „Ich kann es nicht!" – so lange, bis Sie es fast glauben. Beobachten Sie dabei Ihre Körpersprache.

Nun sagen Sie sich diesen Satz: „Ich schaffe alles, was ich mir vornehme!" – solange, bis Sie ihn wirklich glauben. Was passiert jetzt?

Erkennen Sie die Unterschiede?

TIPPS

▸ Atmen Sie in Stresssituationen immer wieder tief durch.

▸ Prüfen Sie vor wichtigen Gesprächen Ihre Gedanken.

▸ Machen Sie sich positive Gedanken, dann bekommen Sie eine positive Körpersprache.

WEGSEHEN ODER HINSEHEN?
DAS SAGT IHR BLICK ÜBER SIE!

„Schau mir in die Augen, Kleines!", ist mit Sicherheit nicht meist zitiert, weil Humphrey Bogart auf eine Apfelsinenkiste stehen musste, um Ingrid Bergmann überhaupt in die Augen (statt ins Dekolleté) sehen zu können.

Beim Blickkontakt scheiden sich die Geister. Die einen sagen: „Halte lange den Blickkontakt und unterbrich ihn nicht." Die anderen sagen: „Halte kurzen Blickkontakt, um die Kontrolle über das Gespräch zu halten." Also eines ist gewiss. Der richtige Blickkontakt ist bei einem Gespräch besonders wichtig. Aber wie geht es denn nun?

Arbeitstiere halten den Blickkontakt nicht lange. Sie sind unsicher und haben Angst, zu tief in die Augen zu schauen. Ein intensiver Blickkontakt macht sie nervös, was in Bezug auf Hyänen auch eine korrekte Einschätzung ist. Im Kontakt mit Alphas aber ist der intensive Blickkontakt nicht gefährlich, sondern heilsam für Arbeitstiere.

Erstaunlicherweise können Arbeitstiere ihren 'Artgenossen' länger in die Augen sehen. Untereinander fühlen sie sich wohl.

Mit ihrem zaghaften Blickkontakt zeigen Arbeitstiere den Hyänen: Ich bin leichte Beute. Und eine Hyäne ist plump genug, jemandes mit einem Blick niederfechten zu wollen. Eine Hyäne will Sie quasi niederstarren. Das ist dummdreist und frech, ist es doch eine eindeutige Territorialverletzung. Der starre Blick der Hyäne soll verunsichern. Die Hyäne testet quasi, wie weit sie gehen kann. Wendet der Gesprächspartner den Blick ab, hat sie gewonnen – in ihrer Welt und in der Welt der Arbeitstiere. In der Welt der Alphas allerdings hat sie sich nun alle weiteren Chancen verdorben und damit in Wahrheit verloren.

Wie machen es dagegen die Alphas? Sie haben ein gutes Gespür dafür, wie viel Blickkontakt jemand verträgt und auch wie viel eine Situation verlangt. Daraus wägen sie ab. Im Zweifel immer für den Schwächeren. Sie sehen den Blickkontakt nicht als Möglichkeit jemanden zu verunsichern, sondern als Möglichkeit so viel wie möglich vom anderen wahrzunehmen. Dabei geht es ihnen um den Charakter und die Emotionen ihres Gesprächspartners. Alphas wissen: „Die Augen sind der Spiegel unserer Seele!"

Alphas entscheiden intuitiv, wie sie in einem Gespräch den Blickkontakt gestalten, wie lange sie ihn halten. Ihr Ziel ist es, dass sich ihr Gesprächspartner wohl fühlt, sich öffnen kann. Auf diese Weise führen sie ganz sanft und wohlwollend. Es ist, als wollte der Geführte ohnehin dorthin gehen.

Die Kunst der Überzeugung hat viel mit dem Blickkontakt zu tun. In erster Linien sehen Sie schon in den Augen Ihres Gegenübers, ob derjenige von seinen eigenen Aussagen überzeugt ist. Ein Arbeitstier beispielsweise erkennen sie oft am unsicheren Blinzeln, am Blickabwenden, wenn etwas auf den Punkt gebracht wird. Ihr Blick ist auf der Flucht, als könnte er die Reaktion des Gesprächspartners nicht aushalten. Aus diesem Grund wird in der Literatur meist geraten, nicht zu blinzeln. Der große Tipp lautet, dass man vor allem bei Kernaussagen nicht blinzeln sollte. Das erreichen Sie ganz einfach, indem Sie selbst von diesen Aussagen überzeugt sind und noch dazu überzeugt sind, diese vorzutragen. Das sind Sie nicht? Dann überdenken und üben Sie Ihre Kernaussagen!

Bleiben Sie wie ein Alpha auch bei Konfrontationen gelassen und ruhig. Hektisches, verschüchtertes Blinzeln wertet eine Hyäne als Schwäche und wechselt automatisch in den Angriffsmodus. Mindestens in Gedanken holt sie zum nächsten Schlag aus.

Auf den Punkt gebracht: Ein zu kurzer Blick strahlt Unsicherheit aus. Ist der Blick zu lange, wirkt er bedrohlich. Ein angemessener Augenkontakt dauert so lange, wie der dazu gehörende Gedanke.

Stellen Sie sich vor einen Spiegel und üben Sie zu überzeugen, ohne dabei zu blinzeln.

TIPPS

‣ Bei Kernaussagen den Blick halten, statt zu blinzeln.

‣ Halten Sie einem längeren Blickkontakt stand.

‣ Verweilen Sie mit Ihrem Blick solange Ihr Gedanke dauert.

Bewegte Arme oder ruhige Hand?
Das Geheimnis charismatischer Redner!

Ihre Hände verraten Sie! Und nicht nur wie Ihr Hals das wahre Alter, sondern auch Ihren wahren Charakter, Ihre wahren Emotionen.

Schon bei der Begrüßung erkennen sie, wie jemand ist; einnehmend, einladend, abwehrend, dominant, verbindlich... Wie gibt ein Arbeitstier die Hand? Wie die Hyäne? Wie ein Alpha?

Ein Arbeitstier wird sich in Sachen Handschlag, vor allem einer Hyäne gegenüber, von seiner kraftlosen Seite zeigen. Einem Alpha gegenüber wird es sich auch nur eventuell mehr trauen. Arbeitstiere sind leider automatisch zurückhaltender. Ihr Zögern beim Handschlag offenbart ihre Ängstlichkeit. Sie wollen ihrem Gegenüber nicht zu nahe kommen. Und wenn es sich nicht vermeiden lässt, dann wird der Hohlraum der Handinnenfläche so weit wie möglich erhalten. Das schafft Distanz

Hyänen – wir haben es auch gar nicht anders erwartet – nutzen den Handschlag gleich wieder für Dominanzgebaren. Sie sind die Zupacker und Schüttler unter den Händegebern. Einige treiben es auf die Spitze und umklammern – teils beidhändig – die Hand ihres Gegenübers, als wollten sie die Person in ihrem Revier festnageln. Hyänen geht es um Dominanz und Kontrolle. Das sie diese eher aggressive Begrüßung nicht aus einem gesunden Selbstbewusstsein heraus vornehmen, beweist der durchgedrückte Ellbogen: die Hände klammern, der durchgestreckte Arm hält auf Abstand. Hyänen meinen damit Macht zu demonstrieren, werden aber schnell als dominant entlarvt.

Und unsere Alphas? Sie wollen und werden die Führung übernehmen. Interessant ist es, zu beobachten, mit welcher Eleganz es ihnen gelingt, die Oberhand zu behalten. Achten Sie einmal darauf. Bei Alphas zeigt der Handrücken bei der Begrüßung oft nach oben.

Sie haben wortwörtlich die Oberhand und ihren Begrüßungspartner wortwörtlich in der Hand. Ihr Wertesystem aber verbietet es, dies als dominierend und kontrollierend zu tun.

Wenn es für Sie beim nächsten Handschlag also darum geht, wer führt und wer folgt, dann geben Sie gut Acht, dass Ihr Handrücken nicht nach unten gedrückt wird. Denn schon in diesen Anfängen wird der weitere Verlauf eines Gespräches bestimmt. Steuern Sie also bewusst dagegen und sichern Sie sich Ihre ersten Punkte im Match.

Hier noch ein paar Tricks. Sie können – nur wenn es die Situation und Ihre Beziehung erlaubt – ebenfalls mit beiden Händen die des Begrußungspartners umklammern, mit einem freudigen Lächeln gepaart, ist Ihr Gegenüber automatisch entwaffnet. Oder aber Sie legen – kurz und sacht – Ihre freie Hand auf die Schulter Ihres Gesprächspartners.

Achtung! Ich muss wohl nicht betonen, wie wichtig es ist, ein Gespür dafür zu entwickeln, wann welches Verhalten angemessen ist und wann nicht. Denn was mit einem guten Kunden funktioniert, gehört noch lange nicht in den Kontakt mit dem Chef.

Und dann ist da noch ein Trick aus der Welt der Politik. Kennen Sie das? Es ist ein gewichtiger Tipp. Ihr Handschlag kann noch souveräner wirken, wenn Sie mit Ihrem Zeigefinger den Puls des Gegenübers 'messen'. Ihr Finger liegt genau auf den Pulsadern Ihres Begrüßungspartners. Hier geht es nicht um medizinische Diagnostik, sondern um Kontrolle. Diese Kontrolle wird ausgeweitet, indem man die freie linke Hand auf die Hand des Gesprächspartners legt. Nun ist seine Hand – oder beide – komplett umschlossen.

Immer geht es darum, seine Wirkung gezielt einzusetzen, sich seiner Wirkung bewusst zu sein und diese zu steuern. Dies gilt auch für den Handschlag. Hier können Sie gleich zu Beginn ein klares Statements abgeben und das Gespräch lenken.

Kommen wir nun zu den Geheimnissen charismatischer Redner: Ein Vortrag fesselt Sie vollkommen, Sie können den Blick kaum abwenden und jedes einzelne Wort verfolgen Sie gespannt. Haben Sie das schon erlebt? Es ist eine einzigartige Erfahrung.

Wie gelingt es diesen wahnsinnig charismatischen Rednern, uns in ihren Bann zu ziehen? Was ist ihr Geheimnis? Lassen Sie mich einen Teil dieses Geheimnisses lüften. Dafür bitte ich Sie, Ihren Fernseher einzuschalten. Lehnen Sie sich zurück und genießen Sie die Vorstellung. Welche Szenen würden Sie als Schlüssel zur Überzeugung identifizieren? Ich will es gerne verraten: Der Redner schweigt!

Charismatische Redner und Alphas haben eines gemeinsam, sie haben den Mut zur Stille. Nach einer kraftvollen Aussage bleibt ein professioneller Redner ganz ruhig. Er steht auf der Bühne wie eine Eins. Keine Gefuchtel mit den Händen, kein Übersprungsgequatsche – einfach nur Stille. Er ist ruhig, er ist still und er schaut Sie an. Das schafft Aufmerksamkeit – ungeteilte Aufmerksamkeit.

Das Geheimnis liegt in der völligen Regungslosigkeit. Erst dann, wenn er weiterspricht, folgt die nächste Geste. Dann erst bewegt er sich wieder. Es ist wie ein Tanz, der den Spannungsbogen erhöht.

Mimik und Gestik sind dafür da, unsere Aussagen zu unterstreichen, nicht über sie hinweg zu reden. Wenn Sie es wagen, Ihre Bewegungen für bestimmte Szenen einzufrieren, dann wirkt das Wunder. Ihre Zuhörer werden nicht anders können, als gespannt abzuwarten, was Sie als nächstes sagen.

Dieses Einfrieren der Bewegungen ist mit Abstand eine der wirkungsvollsten Techniken, um ein Publikum in den Bann zu ziehen. Und natürlich funktioniert das auch in einem Einzelgespräch. Dort wählen Sie Ihre Sprechpausen nur etwas kürzer als vor der Gruppe.

Und da ist noch etwas: Die Art wie Sie Ihre Hände und Arme steuern, steuert die Art wie Sie sprechen. Probieren Sie es bitte selbst aus:

- Stützen Sie Ihre Ellbogen auf den Tisch und sagen Sie die Worte: „Schön, dass Sie da sind."

- Jetzt legen Sie Ihre Hände auf die Beine und sagen ebenfalls: „Schön, dass Sie da sind."

- Und zu guter Letzt dürfen Sie wild mit den Armen gestikulieren und sagen dabei: „Schön, dass Sie da sind."

Haben Sie auf Ihre Stimme geachtet? Die Unterschiede gehört?

Mit den Ellbogen auf dem Tisch muss man sich schon sehr anstrengen, um die Stimme nicht zu abweisend und lustlos klingen zu lassen.

Mit den Händen auf den Beinen dagegen klingt die Stimme doch gleich viel aufgeschlossener. Es liegt einfach mehr Freundlichkeit in dieser Körperhaltung.

Mit wilder Gestikulation wird die Stimme hektisch bis hysterisch, ruhigeren Zeitgenossen macht das Angst.

Fazit

Wer seinen Körper kontrolliert, kontrolliert auch seine Stimme.

Noch ein Versuch? Jetzt sagen Sie den selben Satz: „Schön, dass Sie da sind!" wieder dreimal hintereinander. Einmal mit den Händen über dem Kopf, einmal mit den Händen vor dem Bauch und einmal mit herabhängenden Händen.

Haben Sie's gehört? Mit erhobenen Händen ist auch Ihre Stimme höher, vor dem Bauch ruht die Stimme in Ihrem Eigenton und herabhängende Hände ziehen auch in der Stimme die Stimmung nach unten.

Jetzt aber endlich zu den Feinheiten. Denn es wäre doch etwas merkwürdig, wenn Sie für die gute Stimmung in der Stimme, den Tag über mit erhobenen Händen durchs Büro laufen. Ich verrate

Ihnen einen Trick. Es reicht vollkommen aus, wie Sie Ihre Handflächen einsetzen, diese ersetzen fast den ganzen Arm.

Und so geht's:

Zeigen die Handinnenflächen beim Sprechen nach oben, hat man automatisch eine höhere Stimme. Dies ist interessanterweise auch die bevorzugte Handhaltung der Arbeitstiere. Die Handflächen oben symbolisieren: „Schau Dir meine Hände an, ich habe nichts zu verbergen!" Diese Handhaltung ist für den Beziehungsaufbau sehr nützlich, denn sie schafft Vertrauen.

Zeigen die Handflächen nach unten, wandert die Stimme mit nach unten in ihre Tiefen. Dies ist die bevorzugte Handhaltung der Hyänen, mit der sie – na, klar – ihre Dominanz unterstreichen wollen. Auch, wenn sie nur gestikulieren, sie sind darauf aus, die Oberhand zu erlangen.

Alphas wechseln intuitiv ihre Handhaltung. Mal zeigen die Innenflächen nach oben, mal nach unten, dann wieder seitlich. Hier zeigt sich auch die gesunde Unbekümmertheit ihrer Souveränität. Sie sind mit dem Erzählen beschäftigt, nicht mit dem Anbiedern (Arbeitstiere) oder dem Dominieren (Hyänen). Alphas zeigen ihre Stärke nur, wenn es dies braucht, denn sie sind gern und damit ganz ungefährlich in Beziehungen. Das Wechselspiel ihrer Handhaltung macht sie ganz unbewusst wieder einmal mehr sympathisch und souverän zugleich.

AUF DEN PUNKT GEBRACHT

Es geht darum zu steuern, wie man in einem Gespräch wahrgenommen wird.

Wenn Ihr Kopf zur Seite geneigt ist, zustimmend nickt und die Handinnenflächen nach oben zeigen, dann wirken Sie zwar zugänglich, haben aber schon an Boden verloren. Ihr Bedürfnis gut anzukommen, wird als Schwäche interpretiert werden.

Wenn Sie dagegen mit einer geraden Körper- und Kopfhaltung aufwarten, Ihre Hände flexibel einsetzten und Ihre Botschaft mit einer ruhigen, tiefen Stimme vortragen, wirken Sie souverän.

Sie haben es wortwörtlich in der Hand, wie Sie wirken. Spielen Sie damit!

Körpersprache ist dabei nicht eindimensional. Es spielen immer mehrere Merkmale in eine Gesamtwirkung ein, mindestens zwei bis drei Merkmale müssen die selbe Sprache sprechen, sonst wirken sie fahrig und inkongruent.

Ich frage Sie. Möchten Sie souveran wirken?

Dann richten Sie jetzt Ihren Körper auf. Geben Sie eine jugendliche Spannung in Ihre Haltung und schauen Sie Ihrem Gesprächspartner offen und freundlich direkt in die Augen.

By the way: Keep Smiling!

Lächeln ist eine Geheimwaffe! Achtung, hier ist nicht das anbiedernde oder entschuldigende Lächeln der Arbeitstiere gemeint oder das aufgesetzte oder abwertende Lächeln der Hyänen. Ich spreche von einem offenen, ehrlichen Lächeln. Das ist das Lächeln, das Ihnen auf den Lippen liegt, wenn Sie jemanden wirklich mögen.

Gern möchte ich Sie auf eine wahre Abenteuerreise in Sachen Körpersprache mitnehmen – dies und mehr dazu in meinem Buch zur Körpersprache.

Stellen Sie sich vor einen Spiegel und sagen Sie sich die für Sie wichtigste Botschaft aus diesem Buch: Was war das Wichtigste, das Sie bisher aus diesem Buch mitgenommen haben?

Sagen Sie diese Botschaft nun vor einem Spiegel direkt zu sich selbst. Schauen Sie sich dabei in die Augen und! machen Sie direkt nach Ihrer Botschaft eine angemessene und bedeutungsvolle Pause. Wichtig: Nicht bewegen!

Üben Sie das so lange, bis es Ihnen leicht von den Lippen geht und Sie sich mit der Sprechpause wohl fühlen.

TIPPS

‣ Führen Sie bereits mit dem Handschlag das Gespräch.

‣ Achten Sie auf Ihre Handaußenflächen. Wohin zeigen sie?

‣ Steuern Sie Ihre Stimme über Ihre Handhaltung.

STIMMVERLUST ODER STIMMGEWALT? VERSCHAFFEN SIE SICH GEHÖR!

Sind Sie stimmig? Kann Ihr Selbstbewusstsein mit den Anforderungen Ihres Gegenübers mithalten? Können Sie ihm auf Augenhöhe begegnen?

Alles, aber auch alles, kann man in der Stimme hören – Aufregung, Stress, aber auch Souveränität.

Deklinieren wir die Tierwelt einmal durch:

Arbeitstiere nutzen typischerweise eine höhere Stimmlage, nicht zuletzt, weil sie sich kaum Zeit zum Durchatmen nehmen. Das ist ein Fehler, nicht nur fehlt Sauerstoff für ausreichend Energie, es kommt noch eine piepsige Stimme hinzu. Flaches hektisches Atmen gibt nicht die Kraft, etwas deutlich aussprechen zu können. Statt einer vollen, antwortet eine leise, gedrückte Stimme. Auch die Nervosität der Arbeitstiere verändert ihre Stimme, sie wird flattrig. Alles zusammen strahlt große Unsicherheit aus und ruft die Hyänen auf's Programm, die leichte Beute wittern. Ängstliche Arbeitstiere sind ihnen ein gefundenes Fressen. Aber bevor ein Arbeitstier gefressen wird, verhält es sich lieber artig und leise und befolgt alle Anweisungen.

Und schon sind wir bei den Hyänen. Lautstark bellen sie ihre Anweisung heraus. Sie haben kein Problem damit, deutlich zu sagen, was sie möchte, dabei vergreift sie sich nicht selten im Ton. Die Hyäne hat ihre Stimmung, wie ihre Stimme nicht der Gewalt und schießt damit gern über das Ziel hinaus. Ihr Motto lautet: „Wer am lautesten schreit, hat recht!" Das ist für ihr Umfeld wirklich anstrengend; die Arbeitstiere sind verschreckt, die Alphas sind genervt.

Apropos Alpha: Alphas sprechen typischerweise in ihrem Eigenton. Dieser ist ruhig und tief, bei Männern wie auch bei Frauen. Wie sie das machen? Sie ruhen in sich. Alphas atmen tief in ihren Körper, spüren sich und können ihr volles Stimmvolumen nutzen. Ihre emotionale Ausgeglichenheit unterstützt diesen Effekt. Und da sie bedacht und ruhig sprechen, sich dabei aber nicht treiben lassen, wie ein Arbeitstier oder hektisch vorschnellen wie eine Hyäne, sind sie unangefochten überzeugungsstark. Diese Stimmqualität sorgt dafür, dass Vorschläge und Einwände der Alphas mindestens wohlwollend angehört werden.

Es ist angenehm einem Alpha zuzuhören. Denn nicht nur 'wie' er mit seiner Stimme umgeht, sondern auch 'was' er sagt, machen es den Zuhörern leicht: Seine Sätze sind kurz, knapp und verständlich. Er bringt es auf den Punkt. Weder nimmt er ein Blatt vor den Mund, noch beleidigt er. Er sagt das, was es zu sagen gibt und was er zur Sache beitragen möchte. Nicht mehr, nicht weniger, Punkt!

Kontrollieren Sie Ihre Atmung und kontrollieren Sie damit Ihre Stimme. Je ruhiger Ihr Atem, desto gelassener ist Ihr Ausdruck. Dabei geht zahlt das Stimmvolumen in das Vertrauen ein. Je größer Ihr Stimmvolumen, desto eindringlicher vermitteln Sie Ihre Botschaft. Mit einem lauen Lüftchen kann Ihnen das nicht gelingen. Besonders Hyänen gegenüber zählt Stimmgewalt!

Wie wäre es mit einem einfachen Trick in Sachen Stimmvolumen? So geht's: Stellen Sie sich vor, Sie stehen in einem Saal mit 500 Personen. Alle Aufmerksamkeit ist auf Sie gerichtet, weil Sie <wichtiges zu verkünden haben. Doch etwas fehlt. Das Mikrofon! Aber auch Ihre Freunde in der hintersten Reihe wollen alles mitbekommen. Wie sprechen Sie in diesem Moment? Wie viel Kraft hat Ihre Stimme? Woher nehmen Sie die Kraft?

Schließen Sie die Augen und tun Sie einmal so, also ob dieses Szenario jetzt abläuft. Stellen Sie sich den großen Saal vor. Sehen Sie auch Ihre Freunde in den letzten Reihen und jetzt sprechen Sie direkt zu ihnen. So laut und kräftig wie es Ihnen möglich ist.

Bei dieser Übung macht es die Wiederholung. Ihre Stimme wird mit jedem Mal voller und deutlicher.

Setzen Sie Ihre Stimme kontrolliert und gezielt ein. Sie ist eines DER Werkzeuge, um Souveränität und Kompetenz auszustrahlen.

Ich frage Sie: Wissen Sie um Ihren Stimmklang? Wissen Sie, wie Sie sich anhören? Testen Sie Ihre Stimme, indem Sie sich in eine der Raumecken stellen – so wie man früher in der Schule zur Strafe in der Ecke stehen musste, nur dass Sie nicht bestraft werden, sondern Ihre Stimme testen. Ihr Gesicht zeigt zur Wand und trauen Sie sich so nahe wie möglich heran. Jetzt sprechen Sie ein paar Sätze. Der Schall, den der Eckwinkel zurückwirft, entspricht ziemlich genau Ihrer 'Originalstimme'. Das ist nicht nur spannend, sondern auch erfolgsversprechend, wenn Sie hier in der Ecke die Tiefe Ihrer Stimme trainieren. Probieren Sie verschiedene Höhen und Tiefen aus. Grooven Sie sich an Ihren Eigenton, an Ihren Alphaton, heran.

Das Üben lohnt sich, denn Ihre Stimme ist enorm wichtig, wenn es um das Überzeugen geht. Warum?

Stellen Sie sich vor, Sie sitzen in einem Flugzeug und plötzlich beginnt es gewaltig zu rütteln. Sie merken ganz deutlich, dass es Turbulenzen gibt. Ihr Puls steigt. Alle werden nervös. In diesem Augenblick meldet sich der Kapitän aus dem Cockpit und sagt mit einer lauten aufgeregten Piepsstimme: „Meine Damen und Herren, es gibt auf unserem Flug Turbulenzen, bitte bleiben Sie ganz ruhig!"

Was würden Sie dabei fühlen? Vertrauen Sie einem Kapitän mit einer Piepsstimme? Wohl nicht, denn eine hohe Stimme wirkt weniger kompetent. Einer tiefen Stimme trauen wir grundsätzlich mehr zu.

Ein Pilot muss Kompetenz ausstrahlen, zeigen, dass er die Situation im Griff hat. Wir erwarten und wir brauchen eine tiefe Stimme, um ihm zuzutrauen, dass er seiner Verantwortung gerecht wird.

Eine Flugbegleiterin dagegen soll in erster Linie aufmerksam und hilfsbereit wirken, daher spricht sie eher hoch und singend. Spielen Sie einmal in Gedanken durch, wie es wäre, wenn der Kapitän wie eine Stewardess und diese wie der Kapitän sprächen. Das klappt nicht. Das passt einfach nicht. Wir hätten schlicht kein Vertrauen.

Was bedeutet das für uns? Hohe Stimmen werden als weniger kompetent wahrgenommen. Dies geht nicht gegen die Kompetenzen der Flugbegleiterinnen, die sind mit Sicherheit sogar sehr kompetent, aber im Ohr des Zuhörers wird diese durch eine hohe Stimme nicht überzeugungsstark transportiert. Das ist auch der Grund, warum LehrerInnen oder ReferentInnen mit hohen Stimmen weniger ernst genommen werden. Abgesehen davon, dass man einer höheren Stimme nicht über lange Zeit folgen kann, überträgt sich Kompetenz ganz natürlich mit einer vollen tiefen Stimme.

Wie machen es nun die Alphas? Tiefere Tonlagen erreichen sie durch Üben und ein paar Tricks, wie längere Sprechpausen. Schweigen am Satzende unterstreicht die gesagte Botschaft. Das ist vor allem sinnvoll, wenn jemand eine Entscheidung treffen soll. Wird man während des Entscheidungsprozesses angesprochen, ist man emotional 'wieder raus', also abgelenkt. So kann man nur schwer zu einem Ergebnis kommen. Ein Alpha schweigt, bis die Entscheidung getroffen ist.

Während der Sprechpause nicht zappeln. Das unterstreicht das Gesagte und verankert dessen Bedeutung. In einem Bewerbungsgespräch könnte das so gehen: „Auf Grund Ihrer Anforderungen und meiner Qualifikationen, bin ich der richtige Mitarbeiter für Sie!", dann kommt Ihre Sprechpause. Jetzt ist der Moment in dem Ihr zukünftiger Chef in sich geht und eine Vor- oder sogar endgültige Entscheidung trifft. Jetzt bleiben Sie auf jeden Fall ruhig sitzen.

Ebenso verhält sich ein Redner bei seinem Vortrag. Trotz seiner bedeutungsschweren Sprechpausen, weiß der Zuhörer, dass der Vortrag weitergeht. Er ist im Vortragsfluss und seine Zuhörer warten gespannt auf seinen nächsten Satz.

Barack Obama, einer der charismatischsten Redner unserer Zeit, schweigt teilweise für 10 Sekunden nach einer wichtigen Botschaft. Das hört sich lange an. Für den Sprecher fühlt sich das auch lange an. Und für das Publikum erhöht es den Spannungsbogen bis ins Unermessliche. Bedenken Sie, das sich Sprechpausen für den Sprecher länger anfühlen, als für den Zuhörer. Wenn Ihnen das Schweigen also langsam unangenehm wird, dann ist es genau richtig.

Machen Sie den Test. Sprechen Sie den folgend Satz ganz schnell: „Ich beherrsche eine ruhige und souveräne Kommunikation."

Und jetzt sprechen Sie denselben Satz ruhig und mit bewussten Sprechpausen.

„Ich beherrsche (Sprechpause) eine ruhige (Sprechpause) und souveräne (Sprechpause) Kommunikation."(Sprechpause)

Die wichtigsten Wörter dieses Satzes betonen Sie, indem sie das jeweilige Wort modulieren, also etwas lauter aussprechen. Nach jedem wichtigen Wort folgt eine kleine Sprechpause. Versuchen Sie diese für ein bis zwei Sekunden zu halten.

TIPPS

‣ Sprechen Sie in hektischen Situationen ruhig und bedacht.

‣ Fesseln Sie Ihre Zuhörer durch gezielte Sprechpausen.

‣ Achten Sie auf eine tiefe Stimme.

ATEMLOS ODER TIEF DURCHATMEN?
NIE WIEDER NERVÖS!

„Ja, juten Tach. Kkrchh... Mein Name ... ist Horst Schlemmer, stell-vertretender Chefredakteur Kkrchh... vom Grevenbroicher Tachblad. Versteht Ihr misch einichermaassen? Kkrch kkrchh... Ich hab' wieda Schnappatmung". – Und typischerweise bekommt das Gegenüber dann Kreislauf.

Ihre Atmung ist für Ihre souveräne Ausstrahlung ebenso wichtig, wie Ihre Stimme. Ihre Atmung regiert und kontrolliert die Gefühle und sie reagiert auf Ihre Gefühle. Je ruhiger die Atmung, desto ge-lassener das Reden.

Tja, und mit Schnappatmung lässt sich kein Pokal gewinnen. An-spannung und Puls steigen, und schon kann man nicht mehr richtig denken. Nicht nur die Atmung leidet, sondern auch die Argumenta-tionsfähigkeit. Und das bemerkt auch der dümmste Gesprächs-partner. Ihre Chancen, ihn von einer Idee oder Meinung zu überzeu-gen, sinken rapide.

Arbeitstiere atmen, wie bereits beschrieben, meist hektisch, da sie meist unter innerer Anspannung und Zeitdruck stehen.

Bei Hyänen reagiert die Atmung auf die innere Verspannung. Sie atmen selten in den Bauch und verbleiben mit ihrer Energie oben in der Brust. Dadurch entsteht ein Energiestau, der nicht dynamisch, sondern destruktiv wirkt. Denn es ist der Bauch, der das Zentrum unserer Energie bildet. Anhaltend flache Brustatmung reduziert die Kraft – bei der Hyäne wie auch beim Arbeitstier.

Und beide – Hyäne und Arbeitstier – haben noch etwas gemein-sam. Ihre Falschatmung, die angespannte Flachatmung bewirkt, dass ihr Gehirn gerade dann nicht mit ausreichend Sauerstoff ver-sorgt wird, wenn es darauf ankommt, nämlich im Stressfall. Im Stressfall werden also beide nicht konstruktiv denken, sondern in alten Bahnen. Doch eben diese alten Bahnen haben sie ja erst in die

Stresssituation gebracht. Es fehlt also an Sauerstoff, Ideen und Lösungsfähigkeit. Es klingt verrückt, aber sie können sich erfolgreich oder aber auch erfolglos atmen – wie es Ihnen beliebt.

Wichtig ist, dass Sie Ihrer Atmung gegenüber achtsam werden, da so viel von ihr abhängt.

Wenn es also eng wird: weit atmen! Wenn die Zeit knapp wird: weit atmen! Wenn Sie sich bedrängt fühlen: weit atmen!... Ich könnte stundenlang so weitermachen – atmen!

Was machen Alphas anders? Sie atmen tief. Sie atmen weit. Sie atmen ruhig. Punkt.

Innerlich mag es in einem Alpha eine Menge Aufruhr geben, doch das wird er sich nicht anmerken lassen, im Gegenteil wird er gezielt versuchen, den Stress wegzuatmen.

Hier ein paar Tricks

Wenn Sie Ihre Atmung in den Bauch verlagern, so dass er sich wölbt und senkt, fühlen Sie sich automatisch entspannter. So atmen Sie automatisch, wenn Sie völlig entspannt sind.

Die Bauchatmung ist es, die Sängern ihre Spitzenleistung ermöglicht und auch professionelle Redner atmen gezielt in den Bauch, um ihr volles Stimmvolumen, als auch ihre Bühnenpräsenz zu entfalten. In den asiatischen Kampfkünsten spricht man sogar von der so genannten 'Atemstütze'.

Und noch etwas: die Bauchatmung verlangt sogar weniger Energie, denn nur ein geringer Anteil der Atemmuskeln ist aktiv und liefert dabei doch mehr Sauerstoff.

Kommt während eines Gesprächs mal der Punkt, an dem Sie nicht weiterwissen oder sich beengt fühlen, dann gehen Sie vor die Tür oder aufs Örtchen und machen Sie die folgende Atemübung – das entspannt sie und mobilisiert neue Ideen und Energien!

Spannen Sie Ihren Körper an und halten Sie die Spannung für ganze 10 Sekunden.

Schaffen Sie es ebenso lange die Luft anzuhalten? Erst nach den 10 Sekunden und gemeinsam mit der gesamten Körperspannung lassen Sie los und lassen den Atem erneut einfallen. Es braucht kein aktives Zutun.

Üben Sie dies täglich und Sie werden sich am Entspannungseffekt freuen.

Tipps

‣ Vermeiden Sie flaches Atmen in Stresssituationen.

‣ Atmen Sie bis in den Bauch.

‣ Ziehen Sie sich bei Anspannung zurück, um wieder tief durchzuatmen.

Die Alpha DNA kurz gefasst!

- Ihre Gedanken spiegeln sich in Ihrem Körper wider.

- Alphas verfügen über Körperspannung und einen festen Stand. Ihr Blickkontakt ist direkt, ihr Händedruck bestimmt und ihre Stimme ausdrucksstark.

- Suchen Sie sich, wie John F. Kennedy, ein Körpersprache-Modell.

- Denken Sie bei wichtigen Botschaften an Ihre Sprechpausen.

- Sätze wirken ausdrucksstärker, wenn Sie sie kurz und präzise formulieren.

- Alphas atmen – besonders bei Stress – tief durch.

- Kontrollieren Sie Ihre Atmung durch spezielle Übungen.

- Anspannungen lösen Sie, indem Sie Ihren Körper bewusst für wenige Sekunden anspannen und dann aktiv loslassen.

- Verinnerlichen Sie Ihre Kernbotschaft, das gibt Sicherheit.

- Sollten Sie den Faden verlieren, wiederholen Sie das Letztgesagte.

Die Alpha DNA

I

Kommunikation

SPRACHLOS ODER SPRACHGEWANDT?
ÜBERZEUGEND IN JEDER SITUATION!

Auf unserem Globus tummeln sich mehr als sieben Milliarden Menschen. Und sie sprechen mehr als 7.000 Sprachen. Und obwohl wir alle Menschen sind, haben unsere gesprochenen Sprachen kaum Gemeinsamkeiten. Da sind Sprachen ohne die Unterscheidung zwischen Gegenwartsform, Vergangenheit und Zukunft. Da sind Sprachen, die nicht zwischen 'und' oder 'oder' unterscheiden. ...

Aber in allen Sprachen gibt es eine Sache, die wir überall auf dem Globus, in alten Sprachen und jungen Sprachen gemeinsam haben: wir unterscheiden alle zwischen 'oben' und 'unten'. Und damit unterscheiden wir alle zwischen Arbeitstier und Alphatier.

Die Kommunikation der Arbeitstiere kommt von 'unten'. Sie besteht darin, Verbindung zu schaffen. Verbindungen zwischen sich und den Menschen in ihrem Umfeld. Daher verwenden sie gern verbindende Worte wie: uns, unser, wir.

Die Verbundenheit hat einen hohen Wert für Arbeitstiere, die sich davon Sicherheit versprechen. Sie wollen gemocht werden, denn dann fühlen sie sich sicher. In der Kommunikation wollen Arbeitstiere sich gegenseitig näher kommen, sofern diese Nähe sicher ist.

Die Kommunikation der Hyänen kommt scheinbar von 'oben' und sie besteht darin, Abstand zu schaffen. Sie isolieren sich und so verwenden sie gern die Wörter: ich, mein....

Hyänen ist es egal, ob sie gemocht werden. Für sie zählt nur das Ziel. Um genau zu sein, interessiert sie nur ihr persönliches Ziel. Und wer mit ihrer speziellen Art der Kommunikation nicht umgehen kann, der muss gehen.

Die Kommunikation der Alphas kommt auf Augenhöhe und sie soll gestalten. Dabei geht es um Beziehungsgestaltung und Führung.

Alphas kommunizieren wohlwollend und begeistern für ihre Ideen.

Kommunikation (lat. communicatio, 'Mitteilung') ist der Austausch oder die Übertragung von Informationen.

Eine Information ist eine zusammenfassende Bezeichnung für Wissen, Erkenntnis oder Erfahrung. Mit 'Austausch' ist ein gegenseitiges Geben und Nehmen gemeint. 'Übertragung' meint, dass dabei Distanzen überwunden werden können. Kommunikation dient also nicht nur zum Austausch, sondern auch zum Beziehungsaufbau. Das haben Arbeitstiere wie Alphas verstanden. Daher nutzen beide die Kommunikation für den gegenseitigen Austausch mit Menschen. Bei Hyänen ist die Kommunikation größtenteils einseitig. Es existiert kein wahrer Austausch, wenn nur sie reden und die anderen lediglich zuhören sollen.

Eine Kommunikation besteht aus zwei Teilen. Dem verbalen Teil der Kommunikation und dem nonverbalen Teil.

Alles beginnt mit dem Inhalt. Wir konzentrieren uns als Sprecher erst darauf, was wir sagen, was dem verbalen Teil der Kommunikation entspricht. Der Fokus auf den Inhalt gibt uns Sicherheit, denn wir wissen, was wir mitteilen wollen. Wir wollen sicher sein, dass wir nichts vergessen und wir wollen sicher sein, dass wir uns nicht versprechen.

Dieser inhaltliche Teil der Kommunikation ist wichtig. Aber, er ist nicht entscheidend – was für die Arbeitstiere eine ernüchternde Botschaft ist. Es kommt nicht darauf an, was wir sagen, sondern vor allem wie wir es sagen. Und damit sind wir beim nonverbalen Teil der Kommunikation, beim Prozess des Kommunizierens.

Das 'Wie' der Kommunikation beinhaltet den Einsatz der Stimme, die Körperhaltung und Mimik.... Allein die Stimme hat wesentlichen Anteil – das Volumen, die Modulation, die Betonung. Die Konzentration liegt in diesem nonverbalen Teil der Kommunikation auf dem Feinschliff. Sie wissen ja, der Ton macht die Musik.

Kommunikationsexperten beherrschen beide Ebenen. Sie wissen nicht nur ganz genau, was sie sagen, sondern auch wie sie es sagen, also rüberbringen müssen.

Schön und gut – und ich lege noch einen drauf: Wenn es um Inhalt und Prozess geht, dann werden wir interaktiv. Was bedeutet das? Es geht darum, den Zuhörer in den Prozess mit einzubinden. Sie analysieren seine Reaktionen, optimieren daraufhin Ihre Kommunikation und führen damit gezielt Ihren Gesprächspartner. Sie verfeinern also ein weiteres Mal, präzise auf die Reaktion Ihres Gegenübers abgestimmt.

Auf den Punkt gebracht

Der erste Schritt für erfolgreiche Kommunikation ist die gute Vorbereitung des Inhaltes.

Im zweiten Schritt klären Sie für sich, bei welchen Argumenten Sie welche nonverbalen Satzzeichen setzten, da geht es um Körpersprache, Stimme...

Im dritten Schritt – und bestens vorbereitet – stimmen Sie sich auf Ihr Gegenüber ein und optimieren spontan Ihr Kommunikationsverhalten.

Kleiner Tipp

Gern mache ich in Meetings das Flipchart zur Pflicht. Bei kleinen Unsicherheiten kann man sich als Sprecher hervorragend am Stift festhalten und unsichere Zuhörer können sich an Ihren Notizen festhalten – perfekt.

Grosser Tipp

Wissen Sie, was der größte Fehler in unsicheren Momenten wäre? Sich auf die Skeptiker zu beziehen. Unsichere Menschen konzentrieren sich unbewusst auf die skeptischen Personen im Raum und das ist der Anfang vom Ende.

Bedenken Sie, dass es immer einen Skeptiker gibt. Das ist auch ganz gut so, denn diese Menschen zwingen uns, besser zu werden. Eigentlich haben sie nur selbst große Angst, einen Fehler zu machen. Also, lassen Sie sich nicht bremsen, sondern konzentrieren Sie sich auf die positiven Zuhörer, um Fahrt aufzunehmen.

LEID ODER LOB?
DAS IST WAHRE MACHT!

„Nicht geschimpft ist Lob genug!" – Glücklicherweise sind nicht alle Menschen Schwaben.

Jeder wünscht sich die Anerkennung seiner Leistung. Jeder hört gerne ein nettes Wort, was auch wissenschaftliche Studien bestätigen. Mitarbeiter schätzen nicht nur die Anerkennung ihrer Leistungen, sondern auch das Vertrauen in sie, was sich unter anderem in der Übertragung verantwortungsvoller Tätigkeiten zeigt. Kurz: Lob und Verantwortung wiegen schwerer als Geld. Laut einer Studie (McKinsey) sind zu über 60% der Unternehmen die wirtschaftlich gesündesten, die bei der Mitarbeitermotivation mit Bestwerten abschneiden. Das bedeutet: Loben lohnt!

Worte der Wertschätzung und Anerkennung sind die Basis der Alpha-Kommunikation. Sie sind überzeugt, dass man nicht zu viel loben kann. Denn es schafft Verbündete für die eigenen Vorhaben.

Arbeitstiere aber kranken an einem einschränkenden Glaubenssatz: „Viel tun bringt viel Anerkennung!" Falsch! Es ist genau diese falsche Einstellung, die die Arbeitstiere immer wieder dazu bringt, sich zu verausgaben. Sie verausgaben sich in der Hoffnung auf einen anerkennenden Blick, auf ein gutes Wort, auf ein Schulterklopfen. Diesen einschränkenden Glaubenssatz nutzen die Hyänen gnadenlos aus. Mit einer Option auf ein gutes Wort da und einer angedeuteten Anerkennung dort, versprechen sie den großen Preis des Lobes, wenn nur... Ja, wenn nur das Arbeitstier endlich perfekt abliefert, was es aber nicht kann. Das Arbeitstier kann nicht perfekt abliefern, weil der Anspruch der Hyäne maßlos und somit unerreichbar ist. Dennoch schürt die Hyäne die Hoffnung auf Anerkennung und verschweigt, dass es den Mount Everest zu besteigen gilt.

Der Löwe – unser Alpha – weiß, dass es nicht darauf ankommt, von anderen gelobt zu werden. Er weiß auch, dass es niemals darum geht, einfach nur viel zu tun, um Anerkennung zu bekommen. Ein Alpha wird tun, was er tun muss und wenn das Anerkennung einbringt, dann ist das nett, wenn nicht, dann eben nicht.

Allerdings weiß ein Alpha, dass nicht jeder so selbstzufrieden ist, wie er selbst. Also gibt er gern: Wertschätzung, Anerkennung, Lob. Denn er hat ein gutes Auge für die Bedürfnisse und für die Leistungen seines Umfeldes. Zwar ist sein Anspruch hoch, sehr hoch, sogar weit höher als der der Hyäne, doch das lässt er seine Zöglinge auf ihrem Weg der Entwicklung nicht spüren. Im Gegenteil, er lobt sie für ihre Fortschritte und macht ihnen damit Lust noch eine Meile weiter zu gehen. Unbemerkt aber bewusst gesteuert, übertrifft sich das Arbeitstier unter der Führung des Alpha selbst. Und das Schöne daran – ganz ohne Verausgabung und ganz ohne Frust. Im Gegenteil mit viel Lust an der Leistung.

Es freut uns natürlich, dass die Alphas mal wieder alles im Griff haben, doch für uns Normalos gilt: Beim Loben kann man auch viel falsch machen. Worauf muss ich also achten?

Ein Lob sollte sofort ausgesprochen werden. Wartet man zu lange, verpufft die Wirkung. So mancher kann sich gar nicht mehr erinnern, worum es ging. Wenn Ihnen also etwas Positives auffällt, dann sagen Sie es sofort!

Ein Lob muss ehrlich sein. Es hilft nicht, irgendetwas auf Biegen und Brechen zu finden, nur um ein Lob auszusprechen. Es muss tatsächlich etwas zu loben geben – was nicht immer der Fall ist. Vielleicht müssen Sie sich erst einmal mit dem Finden beschäftigen, bevor Sie sich ans Loben machen. Richten Sie Ihren Fokus auf die positiven Dinge und Sie werden fündig. Und wenn Sie dann ein Lob aussprechen, lassen Sie es bitte von Herzen kommen, damit es auch im Herzen ankommt.

Ein Lob sollte für sich stehen. Das bedeutet, dass nach dem Lob bitte keine Forderung hinterherkommt. „Frau Meier, das haben Sie toll gemacht. Dankeschön! Bitte erledigen Sie doch noch....“ Erst kommt etwas Nettes und dann folgt gleich die Bitte, das funktioniert nicht! Der Gelobte hört nur: "Jetzt will er wieder was!" Das Ziel eines Lobes ist aber die gute Stimmung, die Anerkennung. Wenn Sie eine Forderung haben, schön, doch bitte nicht jetzt. Jetzt ist Zeit für das Lob.

Tja, und bei allem Loben, da gibt es Menschen, die sich wirklich schwer tun, ein Lob anzunehmen. Warum nur? Das hat unterschiedliche Gründe. Welche das sind, ist nicht relevant. Es geht nur darum, wie man mit ihnen in Zukunft umgeht.

Zwei Tricks helfen

I. Das Lob wird mit dem Wörtchen 'weil' begründet.
   Hier in Deutschland zählen oft nur Zahlen, Daten, Fakten. Leider auch bei Komplimenten. Wenn man nur hört: „Deine Inhalte in der heutigen Präsentation waren gut!", wirkt das weniger, als die Worte: „Ich fand die Inhalte Deiner heutigen Präsentation sehr gut, WEIL sie mir die Umsetzung des Projektes stark erleichtern." Durch die logische Begründung ist es für die meisten Menschen leichter, das Lob anzunehmen. Dadurch wirkt es für sie weniger floskelhaft oder einschmeichelnd. Sie können so glauben, dass das Lob echt ist. Sie glauben dem Lob.

II. Ein Lob bezieht sich immer auf eine Sache, ein Verhalten, eine Leistung, nie auf den Menschen an sich.
   Wieso jetzt das? Ganz einfach: Wenn jemand ein Lob nicht annehmen kann, liegt das häufig daran, dass die Person einen geringen Selbstwert hat. Wer sich selbst nicht attraktiv findet, kann Komplimente zu seiner Figur nicht annehmen. Wer sich selbst nicht mag, glaubt niemandem, der ein positiveres Bild von ihm hat. Solche Menschen können Komplimente zur eigenen Person nicht annehmen.
   Wenn Sie nun aber den Trick anwenden, einzelne Bereiche des Verhaltens zu loben – ja, dann geht auf einmal doch etwas. Wenn Sie diese Person für ihre Aufgabenerfüllung loben, wird sie

es zaghaft annehmen können. Um das zu erreichen, ersetzen wir: "Danke, Du bist toll!' durch: „Ich danke Dir, dass du meine Post über die Urlaubszeit weggeräumt hast!" Kleiner Unterschied, großer Effekt.

Denken Sie sich jetzt vielleicht: Loben ist schön und gut, aber bei einigen Person, die ich kenne, gibt es nichts Positives?! Wow, da muss ich an eine lustige Aussage eines Trainerkollegen denken: „Und wenn dein Gegenüber nur noch einen Zahn im Mund hat, dann begeistere dich für diesen einen Zahn!". Was will ich damit sagen? Jeder hat etwas, für das man ihm Anerkennung geben kann. Bei manchen muss man einfach länger suchen. Suchen, Finden, Loben – und dann klappt es auch mit den Menschen!

Gehen Sie mit Lob zu Beginn einer Beziehung wohldosiert um. Zum Beispiel jetzt zu Trainingszwecken. Stellen Sie sich vor, Ihr Mann oder Ihre Frau macht Ihnen sehr selten Komplimente. Plötzlich aber überhäuft er Sie damit. Was denken Sie? Genau! Und deshalb erhöhen Sie systematisch die Dosierung. Menschen sind Gewohnheitstiere. Radikale Veränderungen machen ihnen Angst. Plötzliches radikales Loben also auch. Man beginnt automatisch nach dem Haken zu suchen. Wenn Sie es aber langsam angehen lassen, dann gewöhnt sich Ihr Gegenüber gern an die Veränderung.

Es geht beim Loben auch darum, Widerstand zu vermeiden. Denn viel Lob bedeutet wenig Widerstand.

Arbeitstiere möchten diesen Widerstand grundsätzlich vermeiden. Daher fügen sie sich den Anweisungen und erledigen gewissenhaft alle Aufgaben. Sie möchten Harmonie. Herrscht diese nicht, machen sie sich Sorgen, ob ihr Arbeitsplatz noch sicher ist.

Hyänen legen im Gegenzug keinerlei Wert auf Harmonie. Wenn ihnen danach ist, Druck zu erzeugen, dann machen sie das. Die Konsequenzen werden außer Acht gelassen und damit verhalten sie sich ignorant und arrogant.

Alphas können gut mit Widerstand umgehen, sie suchen ihn aber nicht und als Meister der Überzeugung, wissen sie ihn zu umgehen.

Kennen Sie den Spruch: „Viel Druck erzeugt viel Gegendruck!" Hand aufs Herz, schaffen Sie es ruhig zu bleiben, wenn eine Hyäne auf Streifzug durch ihr Territorium geht? Sind Sie in der Lage, das zu ignorieren? Können Sie durchatmen und abschalten? Die meisten Menschen können das nicht. Sie fühlen sich provoziert, wenn nicht sogar offen angegriffen. Sie regen sich unheimlich über diese Aasfresser auf. Aber das bringt leider nichts. – Ruhe ist der Schlüssel zum Sieg.

Ein Löwe ist ruhig und doch lässt er sich nichts sagen. Sein Job ist es, sein Rudel zu verteidigen. Er wird eine Hyäne nicht von sich angreifen, doch wenn sie sein Rudel gefährdet oder seine Stellung herausfordert, dann macht er kurzen Prozess. Es wird schneller geschehen sein, als es die Hyäne überhaupt begreift. Wissen Sie, was die häufigste Todesart der Hyäne ist? Es ist der Angriff durch einen Löwen.

Überlegenheit zeigt sich in der Ruhe. Kraft liegt in der Ruhe. Souveränität geht mit Ruhe einher. Und so wird ein Alpha erst einmal durchatmen, bevor er eine Reaktion einleitet. Ihm geht es nicht darum, als Sieger dazustehen, sondern darum, der Sieger zu sein. Hier geht es nicht um Lautstärke oder Überlegenheit. Es geht darum, dem Angreifer den Wind aus den Segeln zu nehmen, ihn emotional zu beruhigen, um ihn dann wieder führen zu können. Am Besten gelingt das, indem man etwas Unerwartetes tut.

Die meisten Menschen rechnen mit einem Gegenangriff, wenn sie attackiert werden. Da wir aber keine Tiere sind, sind wir im Vorteil. Bei Tieren erfolgen Angriff und Gegenangriff ohne Reaktionslücke. Das liegt in ihrer Natur. Menschen aber haben eine Reizreaktionslücke von ca. 250 Millisekunden. Da kann ehrlich gesagt kaum noch jemand behaupten, er hätte keine andere Wahl gehabt, wohl aber, er hätte keine andere Idee gehabt. In der Zeit der Reizreaktionslücke, in diesen entscheidenden 250 Millisekunden zwischen Angriff und Reaktion, können wir uns überlegen, wie wir reagieren. Es muss also grundsätzlich mehr drin sein, als ein unreflektierter Gegenschlag.

Die Zeit der Reizreaktionslücke kann genutzt werden, um zum Beispiel zu sagen: „Wie genau meinst du das?" oder „Ich akzeptiere Ihre Sicht der Dinge. Darüber hinaus möchte ich noch einen weiteren Aspekt anmerken."

Ihre Ruhe und die scheinbare Akzeptanz nehmen den Wind aus den Segeln und dann können Sie die Windrichtung des weiteren Gespräches neu bestimmen. Das erfolgt durch die Überleitung: „Darüber hinaus möchte ich noch einen weiteren Aspekt anmerken."

Es geht nicht darum, die Meinung oder den Angriff zu akzeptieren, sondern darum, das Beste aus der Situation zu machen, auf lange Sicht das Gespräch zu führen und die Kontrolle zu behalten. Und wieder einmal geht es um Souveränität.

Geben Sie in den nächsten sieben Tagen jeden Tag mindestens einer Person mindestens ein Kompliment. Sprechen Sie wertschätzend.

TIPPS

▸ Begründen Sie Ihre Wertschätzung mit dem Wort 'weil'.

▸ Loben Sie nicht den Menschen, sondern sein Verhalten, seine Leistung.

▸ Nutzen Sie die Reizreaktionslücke, um sich Ihre Reaktion bewusst zu überlegen.

Phantasie oder Fakten?
Faszinieren Sie Ihre Zuhörer!

Wir reden zwar häufig aneinander vorbei, aber eines haben alle Menschen in allen Sprachen gemeinsam. Wir springen auf Bilder und Metaphern an.

Eine smarte Frau, jung, intelligent, steht vor ihrem Chef. In ihrer Hand einen Zettel. Das leichte Vibrieren des Blattes lässt nichts Gutes ahnen. Die Nervosität steht ihr schon ins Gesicht geschrieben. Der Chef schaut sie erwartungsvoll an. Er spürt, es geht um ein wichtiges Thema. Währenddessen schnürt sich ihr Hals immer mehr zusammen. Sie weiß, sie muss jetzt etwas sagen. Langsam öffnet sie ihren Mund, holt tief Luft und......

Wie geht es jetzt weiter? Sind Sie neugierig was als Nächstes passiert? – Dieses Phänomen der Neugierde, des „nun sag' doch schon," entsteht bei Ihren Lesern und Zuhörern, wenn Sie mit Geschichten arbeiten.

Eine Geschichte wird nicht nur erzählt, um Zeit zu füllen. Sie wird erzählt, um Botschaften zu transportieren. Geschichten – wie auch Metaphern – bauen einen Spannungsbogen auf. Der Leser oder Zuhörer möchte unbedingt erfahren, wie die Geschichte weitergeht.

Was hat das mit einem simplen Bürogespräch oder einem Vortrag zu tun? Geschichten zielen ungefiltert in unser Unterbewusstsein. Der Zuhörer kann sich nicht gegen die Botschaft 'wehren'. Sobald man eine Geschichte erzählt bekommt, ist man in die Kindheit zurückversetzt und will einfach nur noch zuhören, lernen und genießen. Vorausgesetzt natürlich, die Geschichte ist gut erzählt. Tonalität, Betonungen und Pausen sind bei der Erzählung von Geschichten noch wichtiger, als in einem normalen Gespräch. Der Erzähler darf also nicht vergessen, seinen ganzen Körper einzusetzen, um das Gesagte zu unterstreichen. Denn: Je lebhafter eine Geschichte, desto eindringlicher kommt ihre Botschaft an.

Hier eine beliebte Geschichte:

Eine Frau kam mit ihrem kleinen Sohn zu einem weisen Mann. „Meister, sprach sie, „mein Sohn ist von einem widerwärtigen Übel befallen. Er isst Datteln von morgens bis abends. Wenn ich ihm keine Datteln gebe, schreit er, dass man es bis in den siebten Himmel hört. Was soll ich tun, bitte hilf mir!" Der weise Mann schaute das Kind freundlich an us sagte: „Gute Frau, geht nach Hause und kommt morgen zu gleichen Zeit wieder!"

Am nächsten Tag stand die Frau, müde von der langen Reise, mit ihrem Sohn wieder vor ihm. Der große Meister setzte den Jungen auf seinen Schoß, sprach freundlich mit ihm, nahm ihm schließlich die Datteln aus der Hand und sagte: „Mein Sohn, erinnere dich der Mäßigkeit. Es gibt auch andere Dinge, die gut schmecken." Mit diesen Worten entließ er Mutter und Kind.

Etwas verwundert fragte die Frau: „Großer Meister, warum hast du das nicht schon gestern gesagt, warum mussten wir den langen Weg zu dir noch einmal machen?" „Gute Frau", antwortete der Meister, „gestern hätte ich deinem Sohn nicht überzeugend sagen können, was ich ihm heute sagte, denn gestern hatte ich selbst die Süße der Datteln genossen!" (Münchhausen, 2005)

Wie reagieren Sie auf diese Geschichte? Schmunzeln Sie? Woran denken Sie beim Lesen? Und wissen Sie was? Sie brauchen gar nicht mitzudenken, denn eine Geschichte wirkt auch dann, wenn man die unterschwellige Botschaft nicht bewusst mitbekommen hat.

Die vorige Geschichte hat zwei wesentliche Botschaften:

I. Sei kongruent. Erwarte nichts, was du selbst nicht erfüllst.

II. Lebe das, was du anderen erzählst.

Diese Geschichte eignet sich also hervorragend dazu, erzählt zu werden, wenn jemand etwas von anderen erwartet, was er selbst nicht hält. Oder wenn jemand etwas lehren möchte, das er selbst nicht lebt.

Es ist viel einfacher eine 'Kritik' an einer Person über eine Geschichte zu transportieren, als ihr zu sagen: „Du lebst gar nicht das, was du da erzählst!" Mittels einer Geschichte kann man Kritik nämlich nicht nur besser transportieren, sondern auch besser annehmen.

Alphas machen sich diese Technik des Geschichtenerzählens gern zunutze. Sie üben Kritik selten offen. Sie verpacken ihren Anspruch und ihr Feedback in eine Geschichte oder Metapher, so dass die Botschaft ankommt, ohne zu verletzen. Denn offene Kritik verschließt oft Türen und dann bleibt die Veränderung aus.

Aber was ist, wenn jemand in einer Geschichte eine vollkommen andere Botschaft hört? Nun, das kann passieren. Unser Fokus bestimmt das, was wir verstehen. Unser Reifegrad bestimmt, was wir verstehen. Unser Selbstbewusstsein bestimmt, was wir verstehen. Es kann also sein, dass Sie eine Geschichte mehrmals innerhalb eines längeren Zeitraumes hören und jedes Mal etwas Neues und anderes verstehen. In der Zwischenzeit haben Sie neue Erfahrungen gemacht, sind gereift und bereit für den nächsten Entwicklungsschritt. Herzlichen Glückwunsch!

Wer also Geschichten erzählt, sollte Geduld mitbringen. Wichtig ist, sich von Anfang an im Klaren zu sein: „Warum will ich genau diese Geschichte erzählen? Welche Botschaft soll sie transportieren? Ist diese Geschichte gut geeignet?" Darauf baut sich der Rest auf.

Hier ein kleiner Überblick über die Landschaft der Geschichten. Wählen Sie je nach Bedarf, dass für Sie passende Format.

SELBSTERLEBTE GESCHICHTEN – EIGENE ODER ANDERER

Erzählen Sie eine Geschichte aus Ihrem Leben, das macht Sie nahbar und sympathisch. Falls Sie keine eigene haben, erzählen Sie eine passende Geschichten von Bekannten, Verwandten, Kollegen...

Wichtig ist, dass es selbst erlebte Geschichten von echten Menschen sind.

Das Ergebnis der Geschichte soll unterstreichen, was Sie vermitteln möchten. Gerne können Sie auch nach wichtigen Persönlichkeiten aus der Vergangenheit forschen, um damit Ihre Aussage zu unterstreichen.

Erfundene Geschichten

Hierbei können Sie selbsterfundene Geschichten wählen oder auch Szenen aus Film, Theater, Musical oder Opern.

Metaphern und Sprichwörter

Eine Metapher ist ein Ausdruck, der statt des wörtlich gemeinten etwas bezeichnet, das ähnlich ist. Uff, das klingt kompliziert. Also, in einer Metapher wird der eigentliche Ausdruck durch etwas ersetzt, das deutlicher, anschaulicher oder sprachlich reicher ist. Zum Beispiel: „Die Kuh vom Eis kriegen," bedeutet, ein Problem zu lösen. Und jeder kann sich vorstellen, dass das eine spezielle Sache ist, 'eine Kuh vom Eis zu kriegen.'

Sprichwörter sind traditionelle Aussagen über ein Verhalten oder einen Zustand. Sie stellen oft eine Lebenserfahrung dar, wie: „Wo ein Wille ist, ist auch ein Weg!"

Bildhafte Vergleiche bieten sich natürlich auch an, wie alte Weisheiten und Zitate. Sie erzeugen Bilder und Gefühle beim Zuhörer. Und ein emotionalisierter Zuhörer ist ein entwickelter Zuhörer!

Jede Geschichte braucht ihr eigenes Tempo.

Wussten Sie, dass wir im Durchschnitt sieben bis acht Mal schneller sprechen, als unser Gegenüber die Informationen auch nur aufnehmen kann? Wow, wollten wir jetzt hochrechnen, wie langsam man dann sprechen müsste, damit alle Botschaften ankommen....

Unser Gehirn muss jeden Tag Milliarden von Informationen verarbeiten. Um eine Überlastung zu vermeiden, setzen wir Filter ein, die vorsortieren, was überhaupt in die bewusste Wahrnehmung gelangen darf. So viel wie möglich sollte ferngehalten werden.

Wenn Sie nicht ferngehalten werden wollen, sondern in den engen Filter gelangen möchten, dann lassen Sie sich Zeit mit Ihrer Geschichte. Vertrauen Sie auf Ihre ruhige Art, die tiefe Stimme und Ihre Sprechpausen.

Das Schnellsprechen bringt Sie nicht schneller voran, sondern verursacht bei mir 'Ohrenbluten' (huch, eine Metapher). Wenn eine Geschichte hektisch verhaspelt wird, verliert der Zuhörer den Faden. Wenn eine Geschichte nur abgespult wird, entstehen beim Zuhörer keine Emotionen. Nur durch längere und gezielte Sprechpausen, hat er die Möglichkeit, die Geschichte nachzufühlen, in sie einzutauchen. Dazu muss eine Geschichte mit Emotionen gefüllt sein. Es geht darum, den Zuhörer in eine eigene Welt zu entführen.

Wählen Sie eine Geschichte und erzählen Sie diese voller Leidenschaft vor Ihrem Spiegel. Dabei dürfen Sie gern übertreiben. Ich sage immer: „Alles was wir feuerrot üben, bleibt rosarot hängen."

TIPPS

‣ Hören Sie sich gute Geschichten an. Analysieren Sie, wie der Geschichtenerzähler das macht. Wie spricht er? Wie ist seine Betonung? Wann macht er Pausen?
Nutzen Sie dies als 'Modelling of Excellence'.

‣ Erzählen Sie Geschichten mit vollem Stimm- und Körpereinsatz.

‣ Verpacken Sie 'Kritik' in Geschichten und Metaphern.

Gemein gesprochen oder gehirngerecht gesagt? So kommt die Botschaft an!

Kennen sie das, jemand redet eine halbe Stunde auf Sie ein und am Ende haben Sie immer noch nicht verstanden, was er eigentlich wollte?

Arbeitstiere und Hyänen machen das, um Kompetenz zu zeigen. Die Länge der Ansprache soll das Ausmaß des Wissens symbolisieren. Die Arbeitstiere versprechen sich dadurch mehr Anerkennung, die Hyänen Überlegenheit. Doch viel Reden, ohne inhaltlich etwas 'rüberzubringen, zeugt nicht von Kompetenz. Im Gegenteil, sie beweisen, dass sie von Dingen sprechen, von denen sie keine Ahnung haben. Da wird halbgar aufgeschnapptes Wissen als eigene Erkenntnis verpackt. Aber Sie kennen das ja: „Eine feste Behauptung ist mehr, als ein wackliger Beweis!", warum sich also mit Recherchen bremsen. Hauptsache alle begreifen, dass die Hyäne es drauf hat. Ich sage nur: „Aasfresser!" Sie fressen das, was andere übrig lassen. Und nicht nur in der Tierwelt lassen sie sich das nur Halbverdaute noch einmal durch den Kopf gehen. Hyänen suhlen sich tatsächlich im Erbrochenen. In ihrer Welt ist das etwas besonders Tolles. Doch in der Welt der Löwen ist das etwas extrem Ekelhaftes.

Alphas haben das nicht nur nicht nötig, sie würden es wohl auch nie über die Lippen bringen. Und sie wissen, dass sie nur überzeugen, wenn sie ihre eigenen Botschaften transportieren. Sie müssen sich nicht künstlich groß machen, um vom Klein-Sein abzulenken. Im Gegenteil, Sie sprechen auf eine einfache und direkte Weise, so dass es jeder versteht.

Alphas verwenden in Gesprächen keine Weichmacher wie: könnte, möchte, wäre, möglicherweise.... Sie wissen ja: „Möglicherweise könnte ich irgendwann einmal, aber nur vielleicht..." Das ist eher die Sprache der Arbeitstiere. Ihre Weichmacher in der Kommunikation sollen den Widerstand verringern. Die Angst vor dem „Nein" dominiert bei den Arbeitstieren. Und wenn man nicht konkret sagt, was man möchte, dann kann man dafür auch keinen Ärger bekommen.

Ein Mitarbeiter geht zu seinem Chef und sagt: „Es könnte sein, dass ich eine gute Idee für Sie habe. Möchten Sie sich die mal anhören?" Wie finden Sie diesen Satz? Klingt etwas zurückhaltend oder? Wie wäre es damit: „Herr Meyer, ich hatte gestern eine tolle Idee, die ich Ihnen unbedingt mitteilen muss. Wann setzen wir uns dafür zusammen?" Hier bleibt keine Frage, ob die Idee gut ist. Der Chef ist sicher gespannt und will sie hören.

Weichmacher schwächen die Autorität, Kompetenz wird in Frage gestellt.

Alphas wissen genau, was sie wollen und darum kommunizieren sie kompetent direkt und ohne Umschweife auf den Punkt. Dazu gehört auch, allgemein gültige Aussagen zu vermeiden. Sie erkennen diese an: jeder, immer, nie. Ein Beispiel: „Viel arbeiten ist immer wichtig!" Aber was ist denn viel? Wie viel soll man arbeiten? Der Zuhörer ist jetzt erst einmal damit beschäftigt, sich selbst die Frage zu beantworten, statt den Ausführungen zu folgen. Aufmerksamkeit geht verloren. Streichen Sie alles aus Ihrer Kommunikation, das nicht konkret und das nicht greifbar ist. Bestmöglich beantworten Sie wahrscheinlich auftauchende Fragen bereits im Vorhinein.

Unter allgemeinen Aussagen versteht man auch Behauptungen, im Sinne einer eigenwilligen Wenn-Dann Verknüpfungen. Das eine hat eigentlich nichts mit dem anderen zu tun. Die Verknüpfung aber bringt sie unter einen Hut: „Wenn ich als Frau nach einer Gehaltserhöhung frage, dann habe ich es schwerer." Können Sie mit dieser Aussagen konkret etwas anfangen? Wahrscheinlich nicht, weil Sie sich fragen: „Warum denn?" Die Behauptung wird als Tatsache in den Raum gestellt und gilt fortan als allgemein gültige Regel. Wenn man nicht gewohnt ist, groben Stuss als Tatsache hinzunehmen, dann ist die Wirkung auf das Gehirn gleich null. Aussage und Verknüpfung sind völlig ohne Logik. Ein Alpha setzt hier gleich seinen Filter an, denn bevor er jetzt das merkwürdige Zusammenspiel des

Wenn-Dann diskutiert, drückt er lieber innerlich die Lösch-Taste. Klick und weg.

Wollen Sie die Filter und Löschtasten Ihres Gesprächspartners umgehen, dann sei Ihnen angeraten, sachlich zu argumentieren, gut recherchiert zu beweisen und Ihre Ideen leidenschaftlich zu vertreten. Sie sind also nicht irgendeiner Meinung, sondern verweisen auf Studie XY. Das unterstreicht Ihre Kompetenz und Glaubwürdigkeit.

Weitere Beweise können Erfahrungen sein, die sie selbst, besser noch Ihre Zuhörer, bereits gemacht haben. Solche Erlebnisberichte und auch Referenzen – „Ich bin dieser Aufgabe gewachsen, weil ich ein ähnliches Projekt bereits mit dem Kunden XY positiv abgewickelt habe." – haben großen Effekt.

Also, ran an die Beweise, Belege und Beweggründe. Sichern Sie sich Statistiken und Untersuchungen, die Ihre Aussage belegen. Bewaffnen Sie sich mit Expertisen und Fachartikeln. All das sind optimale Verstärker.

Der Trick besteht darin, eine Aussage nie alleine stehen zu lassen, sondern auf ein Fundament an Beweisen zu stellen. Macht man es nach Art der selbstgerechten Hyäne: „Meine Meinung zählt, egal was alle anderen dazu sagen!", verliert die Aussage an Glaubwürdigkeit und wird weit schneller in Frage gestellt.

Souveränität lebt von einer weiteren Grundregel der Kommunikation: „Rede so, also hättest du deinen Gesprächspartner bereits überzeugt!" Es stellt sich nicht mehr die Frage, OB er Ihre Idee hören will, sondern WANN! Das ist der entscheidende Unterschied. Man kann sagen: „Möchten Sie mir eine Gehaltserhöhung geben?", dann heißt es vielleicht „Nein." Wenn die Frage lautet: „Unter welchen Umständen kann ich mit einer Gehaltserhöhung rechnen?", kann die Antwort nicht einfach nur „Nein" heißen. Und damit ist die Bahn frei für ein offenes Gespräch. Darum werden diese Fragen auch offene Fragen genannt. Sie lassen eine Ja-Nein-Antwort nicht zu. Im Gegenteil ermöglichen sie ein breites Spektrum an Antworten. Man erfährt die Wünsche und Meinungen des Gesprächspartners, indem man ihm die Initiative für einen Moment überlässt. Das sorgt dafür, dass offene Fragen die Beziehung zwischen den Gesprächspartnern fördern.

Im Gegensatz dazu sind geschlossene Fragen so eng formuliert, dass sie nur Ja-Nein-Antworten zulassen. „Möchten Sie mir eine Gehaltserhöhung geben?", ist eine geschlossene Frage. Wenn das Ziel eines Gespräches ist ein „Ja!" oder „Nein!", ein „Heute!" oder „Morgen!" zu bekommen, ist das sehr geeignet. In dem Kapitel „Gesagt oder gefragt? So führen Sie das Gespräch!" gehe ich noch näher darauf ein.

Achten Sie die nächsten sieben Tage gezielt darauf, ob Sie Weichmacher in Ihrer Kommunikation verwenden. Falls ja, streichen Sie sie aus Ihrem Wortschatz.

TIPPS

- ‣ Formulieren Sie Ihre Aussagen konkret.

- ‣ Beweisen Sie Ihre Aussagen.

- ‣ Sprechen Sie immer so, also hätten Sie Ihren Gesprächspartner bereits überzeugt.

DISKUTIERT ODER FASZINIERT?
SCHWIERIGE SITUATIONEN LEICHT GEMACHT!

Welche Vorgehensweise wäre Ihnen lieber?

▸ Jemand haut Ihnen seine Kritik direkt ins Gesicht, und sagt, was Sie zu tun und zu lassen haben. So macht es eine Hyäne.

▸ Oder jemand weist Sie respektvoll auf Fehler hin und betont, was wichtig an der Sache ist. So macht es ein Löwe.

Es gibt immer wieder Situationen, die eine klare Kommunikation erfordern und doch kann dies mit Wertschätzung geschehen. Auch und besonders dann, wenn es mal wieder heikel wird und sich die Gemüter erhitzen, braucht es das Fingerspitzengefühl der Wertschätzung in der Kommunikation.

Es geht nicht darum, in Arbeitstier-Manier abzuhauen. Es geht auch nicht darum, sich auf Teufel komm raus in Hyänen-Manier durchzusetzen. Also, worum geht es? – Es geht darum, die Kommunikation um einen entscheidenden Punkt zu erweitern.

Kennen Sie die Zwei-Punkt-Kommunikation? Sie ist besonders für positive Botschaften geeignet, denn das Gespräch erfolgt von Mensch zu Mensch. Ein Mensch (ein Punkt) spricht direkt zum anderen Menschen (noch ein Punkt). Bei der Zwei-Punkt-Kommunikation schauen sich beide Punkte, also Menschen, direkt in die Augen. Diese Form der Kommunikation ist sehr intim und auch sehr effektiv. Sie enthält aber auch emotionalen Zündstoff, wenn es an heikle Themen geht, denn keiner der beiden Punkte kann ausweichen und sich eine Auszeit nehmen.

In der Drei-Punkt-Kommunikation dagegen sprechen die beiden ersten Punkte, also beide Gesprächspartner, wie beim Billard über eine Bande, den dritten Punkt. Damit ist beider Blick auf diesen Punkt gerichtet. Dieser dritte Punkt kann gegenständlich sein, zum Beispiel in Form eines Blattes, eines FlipChart etc. und der dritte Punkt kann auch inhaltlich sein, also das Problem an sich. Beide Gesprächspartner verbünden sich in der Drei-Punkt-Kommunikation, um dieses Dritte, das Problem, gemeinsam in den Griff zu bekommen.

Das ist doch eine sehr charmante Art, um unerfreuliche Dinge zu klären oder? Mit der Drei-Punkt-Kommunikation lässt sich gefahrfrei Kritik äußern, denn im Endeffekt ist es, wie eine Geschichte zu erzählen. Ein Chef will seinen Mitarbeiter zu einem anderen Verhalten bewegen. Dann handelt die Geschichte zum Beispiel von einer vergangenen Erfahrung, die genau das Fehlverhalten des Mitarbeiters widerspiegelt. Währenddessen ihm die Geschichte erzählt wird, findet er sich in der Person wieder. Er kann damit sein Verhalten reflektieren. Danach erzählt der Chef in der Geschichte, wie die Person ihr Verhalten positiv veränderte. Der Mitarbeiter entwickelt nun Ideen dafür, wie er es in Zukunft besser machen kann. So muss der Chef nicht sagen: „Das hast du falsch gemacht. Und so möchte ich in Zukunft, dass du dich verhältst!", sondern er geht rein lösungsorientiert vor, sodass der Mitarbeiter die Botschaft gut aufnehmen kann.

Die Drei-Punkt-Kommunikation, insbesondere mit Ankern, eignet sich gut, wenn man doch einmal auf den Tisch hauen muss. Sie eignet sich auch gut, wenn ein Gespräch aus dem Ruder läuft. Und Sie eignet sich gut, wenn beide Menschen-Punkte noch nicht so genau wissen, wohin die Projektreise geht.

TIPPS ZUR DREI-PUNKT-KOMMUNIKATION

Achten Sie dringend auf Ihren Standort und die Steh- bzw. Sitzpositionen der Gesprächspartner. Oft werden negative Gespräche am Arbeitsplatz des Mitarbeiters geführt. Das verwirrt seine Emotionen. In einem Moment bekommt er eines auf die Mütze, im nächsten Moment muss er sich wieder auf ein positives Kundengespräch einstellen. Das funktioniert nicht gut. Es sollte einen Ort für positive Gespräche und einen anderen Platz wie für negative Gespräche geben. Steh- und Sitzplätze sind Bodenanker. Das sind Darstellungen eines örtlichen, zeitlichen oder emotionalen Ereignisses an einer bestimmten Stelle am Boden. Gehen Sie also zunächst an einen neutralen Ort.

In der räumlichen Drei-Punkt-Kommunikation wird das Gespräch über einen Visualisierungspunkt gelenkt. Zeigen Sie auf ein Blatt. Nehmen Sie dafür einen Flipchart oder eine Zielvereinbarung. Malen Sie die wichtigsten Punkte dort auf. Das Schriftstück sollte dann so liegen, dass beide es gut einsehen können. Jetzt kann es natürlich sein, dass der Gesprächspartner sich nicht darauf einlässt. Er möchte Ihnen immer in die Augen sehen. Sagen Sie ihm immer wieder: „Sehen Sie hier." und deuten auf das Blatt. Wenn Sie einen Mitarbeiter auf seine schlechten Umsatzzahlen ansprechen, nehmen Sie seine Umsatzstatistik. Damit schauen Sie Ihrem Gesprächspartner nicht direkt in die Augen und die Chance auf ein entspanntes Gespräch steigt. Hier geht es nämlich nur um die Zahlen. Sie sind auf der Sachebene. Sie greifen die Person nicht direkt an, was ein direkter Blickkontakt oft suggeriert.

Heikle Gespräche laufen mit Hilfe der Drei-Punkt-Kommunikation viel entspannter ab.

Wenden Sie im nächsten wichtigen Gespräch die Drei-Punkt-Methode an. Nehmen Sie ein Blatt Papier und skizzieren Sie Ihre Aussagen.

TIPPS

▸ Loben Sie mit Hilfe der Zwei-Punkt-Kommunikation.

▸ Kritisieren Sie mit Hilfe der Drei-Punkt Kommunikation.

▸ Wenn Sie nervös sind, arbeiten Sie ebenfalls mit der Drei-Punkt-Kommunikation.

Fiktion oder Vision?
So führen Sie Menschen!

„Wer Visionen hat, sollte zum Arzt gehen!" Das ist ein unsinniger Spruch. Ich sage: „Wer Visionen hat, kommt ganz nach oben!"

Alphas haben eine Vision. Und ihre Kommunikationsfähigkeit steckt andere Menschen damit an.

Einer der größten Redner unserer Zeit ist Barack Obama. Ich liebe es, wenn er spricht. Ich verweise gern auf seine Statistik: Nach nur drei Jahren als Junior Senator wurde er der erste afroamerikanische! Präsident der USA. Quasi ein Ding der Unmöglichkeit – Barack Obama hat es geschafft.

Wie hat er das gemacht? Er hatte eine klare Vision. Und er hat es geschafft, sehr viele Menschen mit dieser Vision zu infizieren. Er bewegte die Menschen so sehr, dass sie nahezu den gesamten Wahlkampf finanzierten. Das ist vor ihm noch niemandem auch nur annähernd gelungen. Er hat sein Volk beseelt: YES, WE CAN!

Kevin Dutton beschreibt in seinem Buch – Gehirnflüsterer – ein spannendes Experiment. Ray Friedmann, Professor für Management an der Vanderbilt University, führte es gemeinsam mit zwei Forschern durch. Sie suchten 20 Fragen aus dem Katalog der mündlichen Graduiertenprüfungen (GRE) heraus und erarbeiteten einen Test. Dieser Test wurde zwei Gruppen vorgelegt. Eine Gruppe bestand aus Afroamerikanern und eine Gruppen aus Weißen. Dieser Test wurde wenige Monate nach Obamas erfolgreichem Wahlkampf wiederholt. Man fragte sich, ob Obamas Wirkung bis in diese wissenschaftlichen Tests strahlt. Und das tat sie!

Vor Obamas Nominierung hatten Weiße im Durchschnitt 60% der Fragen richtig beantwortet, Afroamerikaner dagegen nur 42,5%. Nach Obamas Wahl lagen beide Hautfarben in den Testergebnisse gleich auf – YES, WE CAN!

Faszinierend! Natürlich sind die afroamerikanischen Testpersonen nicht über Nacht schlauer geworden. Aber sie haben sich mehr zugetraut. Sie haben selbstverständlicher ihren Platz in der Gesellschaft beansprucht. Und das allein über die Macht der Überzeugung. Ein weiterer Beweis dafür, dass die Grenzen nicht in der Welt sind, sondern im Kopf.

Visionen überschreiten diese Grenzen im Kopf. Das Denken wird weiter, die Welt wird weiter.

Und was machen unsere Arbeitstiere? Leider stecken sie sich ihre eigenen Grenzen sehr eng. Sie nehmen sich zurück und lassen anderen den Vortritt, auch wenn sie sich etwas anderes wünschen.

Was machen die Hyänen? Sie überrollen andere mit ihren überzogenen Vorstellungen. Außer der Hyäne identifiziert sich kaum jemand mit diesen Visionen, denn diese sind eher Illusionen, die dem Größenwahn entspringen. Und – typisch – ihre Visionen sind egoistisch.

Was ein Alpha macht, hat Barack Obama vorgemacht. Seine Vision war gigantisch, doch er hat niemanden überrollt. Im Gegenteil, er appellierte an die Menschen und brachte eine gigantische Welle ins Rollen. Obama sagte nicht: „Yes, I can!" Obama sagte: „Yes, we can!"

Da fällt mir noch ein kurioses Beispiel ein, das zeigt, wie es nicht geht.

Es ist einige Zeit her. Ich war in einem Beratungsgespräch mit einem erfolgreichen Unternehmer. Visionen und Ziele sollten gesteckt werden. Der Chef beklagte sich, dass seine Mitarbeiter ihn zu wenig dabei unterstützen, seine Ziele zu erreichen. Er könne sich einfach nicht zu 100% auf sie verlassen. Natürlich wollte ich wissen, wie er mit seinem Team über die Unternehmensvision spricht. Selbstbewusst wie er ist, kam: „Ist doch klar, ich möchte einen Jahresumsatz von 5 Millionen erreichen und ohne meine Mitarbeiter schaffe ich das nicht!"

Meinen Sie, die Mitarbeiter können sich damit identifizieren? Der emotionale Bezug fehlt doch völlig. Sie waren nur Erfüllungsgehilfen seiner Träume. Was hatte das mit ihrem Leben zu tun?

Er sagte: „Ja klar, sie arbeiten doch für mein Unternehmen und wenn ich diese Vision kreiere, müssen die sich doch damit identifizieren. Das hat etwas mit Loyalität zu tun." Nein! Das hat absolut nichts mit Loyalität dem Unternehmen gegenüber zu tun. Warum sollten Mitarbeiter die eigennützigen Ziele des Unternehmers verfolgen? Wahre Alphas erschaffen allgemeingültige Visionen, mit denen sich alle im Unternehmen identifizieren können.

Auch ich habe eine Vision. Mein Unternehmen Feminess – Female and Business – soll die größte Weiterbildungsplattform für Frauen in Deutschland werden. Das ist mein klares Ziel. Ist es ein egoistisches Ziel? Nein, denn meine Vision speist sich aus folgendem Beweggrund, aus folgendem 'Warum'. Mein Wunsch ist es, dass es mehr Referentinnen auf der Bühne gibt. Ich möchte die Möglichkeit schaffen, dass Frauen von Frauen lernen können. Dass sie sich gegenseitig unterstützen. Und für diese, meine Vision bekomme ich viele Unterstützer, weil sie sich mit dieser Vision identifizieren können. Und so war bereits mein erstes Großprojekt – der Feminess-Business-Kongress, der jährlich stattfindet – sehr erfolgreich.

Ein Alpha lebt seine großen Visionen und steckt andere damit an. Er trägt seine Vision in die Welt hinaus, sodass sich alle damit identifizieren können.

Martin Luther King ist ein weiteres sensationelles Beispiel. Er teilte seine Vision auf besondere Art – typisch für Alphas.

Am 28. August 1963 hielt er seine legendäre „I have a dream"-Rede, zu der sich 250.000 Menschen in Washington DC versammelten. Wie bei vielen anderen Rednern ging es ihm um Freiheit und Gleichberechtigung. Er wollte ein Ende der Massendiskriminierung. Doch warum sind alle anderen Redner vor oder nach ihm nicht zu seinem Ruhm gekommen? Das lag an der Art, wie er über seine Vision sprach.

Hier ein Auszug aus seiner Rede:

„Ich habe einen Traum, dass sich eines Tages diese Nation erheben wird und die wahre Bedeutung ihrer Überzeugung leben wird. Wir halten diese Wahrheit für selbstverständlich: Alle Menschen sind gleich erschaffen.

Ich habe einen Traum, dass eines Tages auf den roten Hügeln von Georgia die Söhne früherer Sklaven und die Söhne früherer Sklavenhalter miteinander am Tisch der Brüderlichkeit sitzen können.

Ich habe einen Traum, dass eines Tages selbst der Staat Mississippi, ein Staat, der in der Hitze der Ungerechtigkeit und in der Hitze der Unterdrückung verschmachtet, in eine Oase der Freiheit und Gerechtigkeit verwandelt wird.

Ich habe einen Traum, dass meine vier kleinen Kinder eines Tages in einer Nation leben werden, in der man sie nicht nach ihrer Hautfarbe, sondern nach ihrem Charakter beurteilt.

Ich habe heute einen Traum!" Martin Luther King

Wow, was für eine emotionale Ansprache. Er hat über sich gesprochen, ja, über seinen Traum. Doch das war nichts Egoistisches, im Gegenteil hat er ausgesprochen, dass er den Traum aller Versammelten teilt. Sein Traum, war der Traum aller, die kamen, um ihn zu hören. Denn was er aussprach, machte Hoffnung. Und alle wie sie dort standen – und unter den Versammelten waren ein Drittel Weiße – hat er aus der Seele gesprochen. Und so wurde er einer der Führer seiner Zeit.

Viele sprechen über die gleichen Dinge, erreichen aber nicht die Herzen. Es liegt daran, wie viel Herzblut man selbst hineinsteckt und wie überzeugt man von seiner Sache ist.

Formulieren Sie Ihre Vision bzw. Ihr Ziel.

Nun formulieren Sie es auf eine Weise, dass jeder sofort erkennen kann, wie die Allgemeinheit von Ihrer Vision profitiert, sprich: was haben die anderen davon.

TIPPS

‣ Verfolgen Sie keine eigennützigen Visionen, sondern helfen Sie mit Ihren Visionen auch immer anderen Menschen.

‣ Bringen Sie Ihre Vision voller Emotion und Leidenschaft 'rüber.

‣ Überzeugen Sie Ihr Umfeld mit Aussagen, mit denen man sich identifizieren kann.

Gesagt oder gefragt?
So führen Sie das Gespräch!

Sie kennen doch den Spruch: „Es gibt keine dummen Fragen!" Ich sage: „Doch, die gibt es!" Es sind die, die den Intellekt des Gegenübers in Frage stellen, wie es zum Beispiel viele rhetorische Fragen tun.

Die rhetorische Frage gilt als Stilmittel der Rhetorik – sagt der Name ja schon. Doch die rhetorische Frage dient nicht dazu, Informationen zu bekommen, sondern das Denken zu beeinflussen. Man könnte fast sagen, es handelt sich um Behauptungen, die geglaubt werden sollen und auf dem Umweg der Frage daher kommen.

Auf eine rhetorische Frage erwartet der Fragende keine wahre Antwort. Es geht ihm schlicht um die verstärkende Wirkung seiner Aussage. Er tarnt seine Meinung als Frage und macht sie damit gesellschaftsfähig. Und so geht es nicht um einen ehrlichen Informationsaustausch, sondern um reine Zustimmung. Denn rhetorische Fragen geben die Antwort schon vor: „Ihnen ist ein hohes Gehalt doch auch wichtig oder?" Das ist keine Frage, sondern eine als Frage getarnte Antwort, nur dass der Gesprächspartner derjenige sein soll, der sie als Antwort ausspricht – ein perfider Trick.

Hyänen lieben diese Fragetechnik und setzten sie bevorzugt in Einzelgesprächen ein. Sie nutzen diese Fragen, um zu manipulieren. Mit rhetorischen Fragen lenken und beeinflussen sie die scheinbar Befragten. Dabei sind sie in typischer Hyänenmanier nicht darauf aus, ehrliche Antworten zu erhalten, sondern ihre Interessen durchsetzen. Gern verwenden Hyänen rhetorische Fragen als Drohung: „Ihnen ist doch wichtig weiterhin einen festen Platz im Team zu haben oder?" „Sie möchten doch in dieser Firma weiter kommen oder?" Unterschwellig heißt das: „Mach' was ich dir sage, sonst gibt es unangenehme Konsequenzen für dich zu spüren!" Und das waren jetzt noch deutliche Sätze. Es geht auch noch gemeiner und hinterhältiger. Oft erkennt man das gar nicht sofort, wenn die Gemeinheit hübsch verpackt daher kommt. Und wehe, Sie reagieren nicht, wie vorgesehen, dann werden die Fragen eindeutiger, bohrender und spätestens dann haben Sie begriffen, dass es sich nicht um Fragen, sondern um Forderungen handelt.

Hyänen lassen nicht eher locker, bis sie ihr Ziel erreicht haben. Leider trifft es bei diesen Aktionen wieder meist die Arbeitstiere. Sie sind einfach leichte Beute. Sie lassen das mit sich machen, weil sie ihren Job behalten möchten, denn die fiesen Drohungen treffen auf den fruchtbaren Boden der Angst.

Wichtig ist es, sich eben nicht in eine Ecke drängen zu lassen. Es geht darum, souverän über den Drohungen zu stehen und sich nicht einschüchtern zu lassen. In der Situation könnte man fragen: „Wie genau meinen Sie das? Was möchten Sie mir damit sagen?" Mit einer Gegenfrage rechnet eine Hyäne nicht. Und wenn es gut läuft, ist die Hyäne verwirrt, aus dem Konzept gebracht und lässt von Ihnen ab.

Liebe Arbeitstiere, lernt gezielt Fragen zu stellen. Achtung, nicht die Fragen, die Ihr aus Unsicherheit stellt: „Wie geht dies?", „Wie wünschen Sie das?" Ich meine Fragen, die Euch zurück auf Augenhöhe bringen: „Darf ich Sie bitten, Ihre Frage zu präzisieren?" oder auch mal frech: „Warum stellen Sie mir Ihre Aussage als Frage?"

Liebe Arbeitstiere, wer fragt, der führt. Und während die Hyänen Türen mit ihren Pseudofragen schließen, öffnen Alphas mit ihren offenen Fragen die Türen zu den Herzen der Menschen. Daher fühlen sich die Menschen auch so wohl bei ihnen. Sie nutzen auch ab und zu rhetorische Fragen, aber für einen anderen Zweck. Sie verwenden sie zum Beispiel oft in Vorträgen, um bei langen Ausführungen die Aufmerksamkeit der Zuhörer zu stärken. In Diskussionen und Dialogen setzen sie die rhetorische Frage häufig ein, um Argumente zu verstärken.

Durch rhetorische Fragen kann man den Zuhörer lange am Ball halten. Aktiv mitmachen lassen und einbeziehen. Durch diese Art der Fragen denkt der Zuhörer mit, auch, wenn er sich die Antwort nur geistig gibt.

Kennen Sie Menschen, die so viel reden, dass sie kaum Luft holen?
Wie soll da ein Zuhörer folgen können? Anstrengend

 oder?

Stellen Sie Ihrem Zuhörer zwischendurch Fragen. Bei einem größeren Publikum werden diese in Gedanken beantwortet. In kleineren Gruppen oder im Einzelgespräch gerne laut.

Was meinen Sie, wie wertvoll es ist, wenn Ihre Zuhörer mitdenken? Ist es sinnvoll, sie durch Fragen aktiv in einen Denkprozess einzubeziehen? Können Sie sich vorstellen, dass dadurch die Aufnahmefähigkeit steigt? Ja, ganz richtig. Vermeiden Sie 'Berieselung', denn spätestens nach 10 Minuten hat auch der Letzte aufgegeben, Ihren Inhalten zu folgen. Im eins zu eins Gespräch gilt die 30 | 70 Regel: Sie sprechen 30%, Ihr Gesprächspartner erhält 70% der Zeit und Aufmerksamkeit. Stellen Sie ihm Fragen. Führen Sie ihn durch Ihre Fragen.

Es gibt noch weitere Möglichkeiten mit Einzelnen und vor der Gruppe zu kommunizieren. Welche? Freuen Sie sich auf das Buch – Die Alpha DNA | Kommunikation .

Reduzieren Sie im nächsten Gespräch Ihren Redeanteil auf das Nötigste. Halten Sie das Gespräch mit Fragen im Fluss und beobachten Sie, wie unendlich viel Sie von Ihrem Gesprächspartner erfahren werden.

TIPPS

- ‣ Reduzieren Sie in Einzelgesprächen Ihren Redeanteil auf 30%.

- ‣ Vermeiden Sie rhetorische Fragen im eins zu eins Gespräch.

- ‣ Wer fragt, der führt!

Die Alpha DNA kurz gefasst!

‣ Klappern gehört zum Handwerk!

‣ Wir kommunizieren verbal und nonverbal.

‣ Bereiten Sie sich auf jedes Gespräch detailliert vor.

‣ Prägen Sie sich Ihre wichtigsten Argumente ein.

‣ Sprechen Sie in Metaphern und Geschichten.

‣ Sprechen Sie langsam und deutlich.

‣ Stellen Sie Fragen, die der Zuhörer entweder laut oder leise für sich selbst beantworten kann.

‣ Verzichten Sie auf Weichmacher wie: könnte, würde, vielleicht etc.

‣ Beweisen Sie Ihre Aussagen.

‣ Das zuletzt Gesagte bleibt hängen.

‣ Achten Sie auf Sprechpausen.

‣ Verwenden Sie die Zwei-Punkt- und die Drei-Punkt-Kommunikation – je nach Situation.

‣ Sprechen Sie von Ihrer Vision, damit Ihnen die Menschen folgen.

Die Alpha DNA

I

Status

STATIST ODER STATUS?
STELLEN SIE SICH RICHTIG DAR!

Wussten Sie, dass der Film 'Ghandi' mit Abstand die meisten Statisten hatte. Der Regisseur Richard Attenborough holte für die Beerdigungsszene des großen indischen Freiheitskämpfers sage und schreibe 300.000 Menschen vor die Kamera – 100.000 bezahlte Komparsen und 200.000 Freiwillige. Warum? Für den Effekt, denn ein Statist wirkt wie ein lebendiges Hintergrundbild.

Na, und es sollte an dieser Stelle wohl längst klar geworden sein, wer sich nichts lieber wünscht, als ein lebendiges Hintergrundbild. Ja, richtig, die Hyäne. Und wer sind wohl die Statisten in ihrem Leben? Ja, wieder richtig, es sind die Arbeitstiere. Sie arbeiten ihnen zu, erledigen den unliebsamen und langweiligen Teil im Hintergrund und die Hyäne sonnt sich in der Aufmerksamkeit der Kamera. Halt. Stopp. Klappe. Welche Kamera? Na die, vor der sich die Hyäne in Gedanken schon sieht.

Und wenn wir in der Filmwelt bleiben, dann sind es auch eben diese Hyänen, die den Archetyp des Bösen verkörpern: egoistisch, aggressiv, gierig. Sie sind die Marionettenspieler, an deren Fäden die manipulierten Arbeitstiere hängen.

Und die Guten? Das müssen dann wohl wieder die Alphas übernehmen. Die Löwen, die im Rudel jagen und die echte Beziehungen untereinander leben. In einem Löwenrudel gibt es keine Statisten, da ist jeder ein echter Bestandteil des Teams.

Wenn aber gerade kein Löwe in der Nähe ist, um das Arbeitstier zu retten? Oder wenn der Löwe gerade anderes zu tun hat, als es zu retten, was dann? Dann muss sich das Arbeitstier wohl doch selbst befreien. Also, Augen auf und durch: In schrägen Beziehungen gibt es immer eine Opfer- und eine Täterrolle. Die Frage ist nur, welche Rolle fülle ich aus. Das ergibt sich aus dem Status und dem Statusverhalten der beteiligten Personen.

Wie wäre es mit einem Beispiel?

Sie gehen die Straße entlang. Eine Person kommt Ihnen entgegen. Sie beide gehen direkt aufeinander zu und der Gehweg ist eng. Jetzt kommt es drauf an: Wer weicht zuerst aus? Die Person, die zuerst ausweicht, hat in dieser Situation automatisch den tieferen Status angenommen. Ausnahme: Die ausweichende Person lässt der anderen Person mit einer gönnerhafte Geste den Vortritt. Dann ist diese Person in einem höheren Status. Das gleiche Spiel beobachten Sie an einer Tür. Wer geht zuerst?

Sie können davon ausgehen, dass es die Hyäne für sich braucht, dass sie zuerst geht, um auf ihrem Rang zu bestehen. Dann sind da beispielsweise die Herren, die den Damen die Tür öffnen, um dann doch selbst zuerst hindurch zu gehen. Ein Arbeitstier lässt meist den Vortritt aus überhöhtem Respekt und ein Löwe wird anderen mit einer gönnenden Geste den Vortritt lassen, ebenfalls aus Respekt.

Bei fast jeder Begegnung findet ein Statuskampf statt. Es wird geklärt, wer an welcher Stelle der Rangordnung steht. So ist es auch bei Meetings. Meist gehen die ersten 15 Minuten ins Land, um die Rangordnung zu bestimmen. Dann erst kann man sich der inhaltlichen Arbeit widmen. Wir Menschen brauchen einfach einen Anführer und der muss erst einmal ausgerangelt werden.

In Deutschland erklären einige Experten – anhand unterschiedlichster Situationen –, wie es sich mit dem Status verhält. Ich führe diese Erkenntnisse weiter aus und übertrage sie in den Business-Kontext.

Frage: Welchen Rang haben Sie in einer Organisation?

Antwort: Das verrät Ihnen Ihr Status.

Ihr Status wird Ihnen von Ihrem Umfeld zugeschrieben. Außer bei den Blaublütigen, da ist er angeblich angeboren. Wenn Sie nun nicht weiter für Ihr Fortkommen auf der Statusleiter kämpfen, bleiben sie dort kleben, wie in einer Kaste.

Was soll das mit der Statusleiter? Es geht dabei um Macht, Einfluss, Einkommen, Prestige und ähnliche Kriterien. Dazu werde ich erst einmal den Unterschied zwischen Macht und Status klarstellen.

Macht bedeutet, seinen eigenen Willen durchsetzen zu können. Diese Macht wird unterschiedlich ausgelebt, insbesondere die Hyänen sind sich da für nichts zu schade. Mal setzen sie sich durch emotionale Gewalt durch, mal durch Schmeicheleien. Manipulationen sichern den bösartigen Zeitgenossen ihre Macht über andere. Aber ist das wirklich Macht? Nein, es ist das Möchtegernverhalten der Hyänen. Ihre Macht beruht allein darauf, dass es Schwächere gibt, die sich nicht abzugrenzen wissen. Das ist nicht Macht, sondern verkleidete Ohnmacht.

Status hingegen wird vom Umfeld erteilt – freiwillig. Menschen mit einem hohen Status schaffen sich Einfluss über Unterstützung und Ausstrahlung. Hoher Status bedeutet hohe Akzeptanz. Sie müssen nicht drohen, um Einfluss zu nehmen. Sie erreichen ihren hohen Status mit ihrer authentischen Persönlichkeit.

Bei den Hyänen geht es immer nur um Macht und Status. Nie sind sie mit ihrem Status zufrieden, immer spüren sie Neid und Unzufriedenheit, was weitere Statuskämpfe befeuert.

Das bedeutet, jeder muss sich gegen Statuskämpfe mit Hyänen wappnen. Am besten geht das, indem sie – nein, nicht schon im Vorhinein klein beigeben, sondern – Ihren eigenen Status ausbauen. Nicht über Machtspiele, sondern über Einfluss.

Einfach nur den Job zu wechseln, wird in den seltensten Fällen die Lösung liefern. Denn wer nicht an seiner Persönlichkeit arbeitet, verfällt beim nächsten Arbeitgeber in die gleichen Verhaltensmuster und damit in den gleichen niedrigen Status. Der einzige Weg, um aus einem niedrigen Status herauszukommen, ist die Arbeit an sich selbst: Wer bin ich? Was kann ich wirklich? Wie will ich leben?

Während die Hyäne in Verweigerung des Niedrig-Status hohe Risiken eingeht, von direkt aggressivem Verhalten einem Vorgesetzten gegenüber bis hin zu üblen Intrigen, werden Arbeitstiere in der Ohnmacht verweilen und ihre Macht abgeben, indem Sie die Schuld anderen und den Umständen zuschieben. Sie legen ihr Schicksal damit endgültig in fremde Hände.

Das würde ein Alpha nie tun. Er sucht immer bei sich selbst die Verantwortung. Wenn er sich ohnmächtig fühlt, versucht er sein Verhalten zu reflektieren und Lösungen zu finden. Er verändert sein Tun, um wieder ein machtvolles Gefühl zu bekommen. Er wartet nicht darauf, dass sein Umfeld etwas ändert. Und vor allem behandelt er weiterhin alle respektvoll. Weder wird er um sich schlagen, noch andere schlecht machen. Ein Alpha bleibt souverän und verdankt seiner Haltung einen hohen Status.

Prüfen Sie, ob es Situationen in Ihrem Leben gibt, in denen Sie sich ohnmächtig fühlen. Wenn ja, hinterfragen Sie, woran es liegen könnte. Und wenn Sie die auslösenden Faktoren erkannt haben, dann holen Sie sich Ihre Macht zurück.

TIPPS

▸ Handeln Sie immer teamorientiert.

▸ Schlüpfen Sie nicht aus Versehen in eine Opferrolle.

▸ Reflektieren Sie sich und Ihr Verhalten, um es gegebenenfalls zu optimieren.

Tief gestapelt oder hoch hinaus? So beeinflussen Sie Ihren Status!

Warum war die Satire 'Der große Führer' von Charlie Chaplin so erfolgreich? Weil er einen Mann spielt, der auf den ersten Blick einen Hoch-Status symbolisiert. Er ahmt ihn aber mit unübersehbaren Tief-Statusgesten nach, so dass man sich vor Lachen kaum halten kann. Damit führt Charlie Chaplin das Schreckgespenst Hitler ad absurdum. Endlich konnte man Lachen, endlich veränderte sich die Perspektive, endlich verliert der Böse an Macht und wir damit unsere Angst.

Dieser Film ist ein Paradebeispiel für die Inszenierung von Status.

Die Höhe des Status entscheidet über den Erfolg. Dafür gilt es, das Spiel mit dem Status zu beherrschen – passiv wie aktiv. Das bedeutet, es ist wichtig, passiv den Status seines Gegenübers zu erkennen und aktiv Statusgesten so einzusetzen, dass das Umfeld meinen Status akzeptiert. Insbesondere dann, wenn Sie Positionen mit einem hohen Status einnehmen wollen, wie beispielsweise Führungspositionen.

Betrachten wir uns erst einmal genauer die beiden Arten des Status, den Hoch-Status und den Tief-Status.

Hoch-Status-Typen sind Menschen, die groß auf uns wirken. Sie haben eine überlegene Ausstrahlung.

Tief-Status-Typen sind Menschen, die sich kleiner machen, oft kleiner, als sie sind. Ihre Ausstrahlung ist die der Unterlegenen.

Ihre Körperhaltung zeigt Ihren Status, um genau zu sein, entlarvt Ihre Körperhaltung den Status, den Sie für sich verinnerlicht haben. Hat eine Person eine gerade Haltung mit festem Stand, Spannung im Körper, eine aufrechte Kopfhaltung und einen direkten Blickkontakt, dann ist sie ein Hoch-Status-Typ.

Ist die Körperhaltung eher gebückt mit hängenden Schultern, Beine geknickt und der Blick weicht aus, dann ist es ein Tief-Status-Typ.

Hoch-Status-Typen sind da. Tief-Status-Typen biedern sich an oder ziehen sich zurück.

Auch an diesem Beispiel erkennt man den Status:

Ein Seminar findet statt. Der Seminarleiter ruft zu einer Zweierübung auf. Wie erkennen Sie den Status der Teilnehmer?

Der Statushöhere sagt zu seinem Sparringpartner entweder: „Fang' du doch an!" oder „Ich fange an!" Er bestimmt den Verlauf der Übung.

Der Statustiefere hingegen sagt entweder: „Ja klar, dann fange ich an!" oder „Mir ist egal wer anfängt, entscheide du!" Er fügt sich dem Hoch-Status-Typen.

Der Statushöhere sagt, was zu tun ist und der Statustiefere folgt. Man spricht hier auch vom 'Führer' und vom 'Folger'. Die besten Führungspersönlichkeiten sind die 'Führer', das steckt bereits im Wort. Sie können Menschen bewegen und anleiten. Folger sind treue Arbeitstiere. Sie tun was ihnen gesagt wird.

Hyänen erkennen Sie in Seminaren oder Meetings auch sofort. Sie sind laut und stellen sich in den Mittelpunkt. Sie kämpfen ständig darum, dass ihr (vermeintlich) hoher Status wahrgenommen wird. Und wie in der Savanne, so auch im Büro — Hyänen bekämpfen ihre Kollegen.

Authentizität — Echtheit — ist heute wichtiger denn je. Wir wollen von Menschen geführt werden, die mit sich im Reinen sind und in sich selbst ruhen. Ehrlichkeit und Berechenbarkeit sind gefragt. Wer also den Hoch-Status nur spielt, ohne seine Persönlichkeit entsprechend mit zu entwickeln, der entlarvt sich mit zu schrillem Möchtegern-Hoch-Status selbst. Die Hyäne ist unglaubwürdig und kann sich noch so abrackern, sie wird nicht zum Löwen, wenn sie nicht ehrlich an sich arbeitet.

Der Grad der Verantwortung ist ein weiterer Indikator für Status. Menschen, die im Beruf und auch privat viel Verantwortung für andere übernehmen, vermutet man automatisch in einem höheren Status. Und wenn diese Verantwortung von einer gereiften Persönlichkeit übernommen wird, dann zeigt sich sich das um so mehr in ihrer Ausstrahlung. Verantwortung für sein Umfeld und für seine Entscheidungen zu übernehmen, wirkt äußerst souverän. Diese Personen strahlen Selbstsicherheit aus. Von ihnen lässt man sich gerne inspirieren und anführen.

Und schon sind wir wieder bei einem Problem der Arbeitstiere. Sie fühlen sich mit Verantwortung eher unwohl, scheuen davor zurück. Maximal wären sie bereit, die Verantwortung mit anderen zu teilen, ganz nach dem Motto: Geteiltes Leid ist halbes Leid, vor allem wenn etwas schief geht.

Und die Hyänen? Ja, die übernehmen schon Verantwortung, allerdings gehen sie wenig verantwortungsvoll damit um. Wenn ich als Führungskraft in einem Unternehmen eingestellt werde, ist es absolut verantwortungslos, Mitarbeiter forsch und respektlos zu behandeln. Mein Verhalten hat Auswirkung auf die Mitarbeiter und ihre weitere Entwicklung. Dieser Verantwortung muss ich mir bewusst sein. Auch einer Hyäne muss das bewusst sein!

Aber es gibt ja noch die Alphas, sie übernehmen gerne Verantwortung und sind sich auch der Konsequenzen bewusst. Sie gehen nicht leichtfertig mit den Menschen um, sondern werden ihrer Verantwortung gerecht und fördern sie.

Was genau macht den Charme des Status aus?

Wahrer Status wird erarbeitet. Dazu gilt es, seine Fähigkeiten auszubauen, vor allem aber, seine Persönlichkeit zu entwickeln.

Charismatische Persönlichkeiten sind heutzutage sehr gefragt. Die Menschen haben Machtmenschen mit ihren totalitären Führungsallüren mehr als satt. Sie haben Vorschriften satt. Sie haben Hyänen satt.

In Sachen Status werden vier verschiedenen Statusmöglichkeiten unterschieden. Na, klar, da sind oben und unten. Wie kommen bei zwei Richtungen vier Schubladen zustande? Weil es auch noch innen und außen gibt. Und die Kombination aller vier Variablen ergibt vier Statusmöglichkeiten:

I. innen hoher Status – außen hoher Status = Hyäne

II. innen niedriger Status – außen hoher Status = Blender

III. innen niedriger Status – außen niedriger Status = Arbeitstier

IV. innen hoher Status – außen niedriger Status = Alpha

I. INNEN HOHER STATUS – AUSSEN HOHER STATUS = HYÄNE

Diese Typen kennen Sie schon. Sie haben innen einen hohen Status und präsentieren diesen auch nach außen. Sie wirken überheblich und arrogant. Da sind wir wieder bei den Hyänen.

Sie setzen durch, was sie im Kopf haben. Rücksicht auf andere ist ihnen dabei fremd.

Ihr Lachen ist das fiese Hyänengekeckere, hart und unecht.

Beziehungsaufbau ist für sie schwierig. Doch ohne gute Beziehungen gäbe es keine Verbündeten und so tun sie, was getan werden muss, sind aber ohne Herz bei der Sache. Gespräche werden strategisch eingesetzt oder zur Selbstbeweihräucherung genutzt.

Letztendlich geht die Hyäne ihren eigenen Weg, trifft ihre Entscheidungen einsam und setzt sie gnadenlos um.

Sie lässt von Anfang an keinen Zweifel daran, wer der 'Boss' ist.

II. INNEN NIEDRIGER STATUS – AUSSEN HOHER STATUS = BLENDER

Die Blender sind ebenfalls eine Gattung für sich. Der innere tiefe Status wird nach außen hoch gespielt. Ehrlich gesagt, sind auch sie Hyänen. Sie sind die Hyänen, die noch weniger drauf haben, als die erstgenannte Sorte. Sie sind die tatsächlichen Aasfresser, lassen andere für sich arbeiten und schmücken sich mit fremden Federn.

Schwächen werden wegdiskutiert, Kritik sofort im Bumerangeffekt zurückgeschlagen. Schuld sind immer andere.

Diese Typen sind unzufrieden und lassen ihre schlechte Laune an andern aus. Sie ertragen es nicht, schwach zu sein und spielen stark.

III. Innen niedriger Status – aussen niedriger Status = Arbeitstier

Innen tief und außen tief ist eine schwierige Kombination. Dies sind die Arbeitstiere. Sie sind äußerst umgänglich und leider zu früh zufrieden.

Zuvorkommend, hilfsbereit und treu, wird auf ihren Schultern oft alle Arbeitslast abgelegt. Ihre Gutmütigkeit wird ausgenutzt, was ihnen nicht nur schadet, sondern auch jegliche Führungsfähigkeit torpediert.

IV. Innen hoher Status – aussen niedriger Status = Alpha

Jetzt kommt die Königsklasse. Innen einen hohen Status, spielt ein Alpha nach außen eher tief. Fragen Sie sich gerade, warum jemand nach außen tief spielt? Was das für einen Sinn haben sollte?

Dieser Typ weiß ganz genau, was er will. Er verfolgt seine Ziele strategisch und klug. Mit Charme, Weitsicht und Einfühlungsvermögen manövriert er sich ganz nach oben. In die Position, die sein Gegenüber am Ende in einen Tief-Status und ihn selbst in einen hohen Status versetzt. Wie er das genau macht, besprechen wir im nächsten Kapitel: Die Alpha DNA | Charisma.

Beobachten Sie die Menschen in Ihrem Umfeld und teilen Sie sie in die vier Status-Kategorien ein:

▸ Innen hoch – außen hoch

▸ Innen tief – außen hoch

▸ Innen tief – außen tief

▸ Innen hoch – außen tief.

TIPPS

▸ Lassen Sie sich von Hyänen nicht beeindrucken.

▸ Begegnen Sie Ihrem Umfeld auf Augenhöhe.

▸ Passen Sie Ihren Status kontextabhängig an.

Folger oder Führer?
Hier geht es zum Erfolg!

Ein wunderbares Beispiel für eine faszinierende Frau im Hoch-Status ist Madame Christine Lagarde. Seit Juli 2011 ist sie die geschäftsführende Direktorin des Internationalen Währungsfonds (IWF). Viel höher geht es nicht.

Grundsätzlich gilt: Folger kommen weder in der Politik, noch in der Wirtschaft weit, es sind Führungspersönlichkeiten gefragt.

Wer gern Führer wäre, ist die Hyäne. Gierig nach einem hohen äußeren Status, ob innen dabei niedrig oder hoch sei dahingestellt, ist und bleibt sie aber egozentrisch um sich selbst kreiselnd und damit die mit Führung einhergehende Verantwortung schuldig.

Arbeitstiere mit ihrem tiefen Status – innen wie außen – sind typische Folger.

Alphas allein schaffen es, durch ihren gespielten tiefen Status, dass sich die Menschen bei ihnen wohl und sicher fühlen und gern von ihnen führen lassen. Und, oh Wunder, sogar die Hyänen sind bereit, sich von einem Alpha leiten zu lassen.

Warum beschäftigen wir uns damit?

Zunächst einmal geht es darum herauszufinden, welcher Status-Typ man selbst ist. Dann ist zu überlegen, ob sie mehr erreichen wollen. Der nächste Schritt besteht darin, den inneren tiefen Status in einen hohen zu entwickeln – dies geschieht durch Selbstklärung und Persönlichkeitsentwicklung. Auch hier empfehle ich wieder das Coaching. Hebt sich Ihr innerer Status, erhöht sich die Akzeptanz in Ihrem Umfeld

Persönliches Wachstum entsteht nur durch eine klare und präzise Selbstreflexion. Seien Sie dabei wohlwollend ehrlich zu sich selbst.

Doch bei aller Selbstklärung; Sie müssen schlicht und ergreifend mit jedem Status-Typ zurecht kommen. Also, wie geht man jetzt mit den verschiedenen Statustypen um?

Eine Person befindet sich im Tief-Status? Dann geben Sie ihr was sie möchte und sie ist glücklich. Wenn sie eine Information wünscht, dann geben Sie sie ihr.

Bei Hoch-Status-Typen ist es genau umgekehrt. Da sie sich selbst bestens versorgen können, werden sie kaum mit Anfragen auf Sie zukommen. Aber halt, da gibt es einen Trick: Wer alles hat, interessiert sich doch noch für das, was er vielleicht nicht hat! Versuchen Sie es so: „Ich habe hier sehr wichtige Informationen für Sie, aber wahrscheinlich passt es Ihnen zeitlich im Moment nicht. Ich gehe dann wieder." Indem Sie ihm die spannende Information wieder wegnehmen, wird sie erst richtig interessant.

Die Arbeitstiere denken jetzt: „Das ist aber manipulativ!"

Stimmt! Im Umgang miteinander findet immer Beeinflussung statt. Die Frage ist: Wollen Sie beeinflussen, oder wollen Sie sich beeinflussen lassen? Es geht darum, das Spiel zu durchschauen und sich zu schützen. Und es geht darum, Menschen zu führen.

Jeder Mensch ist einzigartig. Es gibt nirgends auf der Welt zwei Menschen mit derselben Persönlichkeit. Und so behandeln Alphas jeden Menschen als Individuum, also individuell. Das ist Wertschätzung, die gleichzeitig auch ihren eigenen Status erhöht. Alphas verstärken dadurch Akzeptanz und Respekt in ihrem Umfeld.

Suchen Sie sich in den kommenden Tagen einen Hoch-Status-Typ in Ihrem Umfeld. Machen Sie ihm erst etwas schmackhaft und entziehen Sie es ihm dann wieder. Sie werden erkennen, wie einfach es ist, dem Hoch-Status-Typ von ihren Ideen zukünftig zu überzeugen.

TIPPS

▸ Spielen Sie mit den unterschiedlichen Status-Typen.

▸ Bringen Sie Ihrem Umfeld Wertschätzung entgegen.

▸ Seien Sie Führer, nicht Folger.

Unterlegen oder überlegen?
Ihr Auftritt bitte!

Die Geschäftswelt ist ein wilder Ozean und Hyänen sind keine guten Schwimmer. Um nicht unterzugehen, stützen sie sich auf die Schultern der Arbeitstiere. Und diese haben ihre Not die Nase über Wasser zu halten, während sich die Hyäne auf ihren Schultern ausruhen und das Oberwasser genießen.

Alphas dagegen können schwimmen und brauchen Arbeitstiere nicht auszunutzen, um selbst zu überleben.

Hyänen werden ihre Arbeitstiere so lange unter Wasser drücken, bis diese untergehen oder sich wehren. Solange also das Arbeitstier an der fixen Idee festhält, dass dieser Unterdrückungszustand seine Richtigkeit hat, wird der Zustand anhalten. Das Problem ist im Kopf – nicht nur im Kopf der Hyäne, sondern auch im Kopf des Arbeitstieres. Stellen Sie sich doch mal vor, eine Hyäne kommt rein, treibt ihr Spiel und keiner reagiert. Was für eine wunderbare Welt könnte das sein?! So aber nutzen die Hyänen die Leichtgläubigkeit und Harmlosigkeit der Arbeitstiere weiter schamlos aus.

Alphas spielen in einer anderen Liga. Sie müssen sich nicht auf jemanden stützen, um den Kopf über Wasser zu halten, sie spielen nicht überlegen, sie sind überlegen. Und eben weil sie es wahrhaftig sind, werden sie es niemals mit Arroganz oder Überheblichkeit nach außen dringen lassen.

Anhand mehrerer Beispiele möchte ich Ihnen jetzt zeigen, wie man sich überlegen verhalten kann.

Kennen Sie Vorgesetzte, die immer wieder ihre Macht demonstrieren? Diesen – auf gut Deutsch gesagt – Schmarrn machen sie oft. Sie wollen ihren Status unter Beweis stellen, indem sie plötzlich komplizierte Detailfragen zu einem Projekt stellen, und dabei die Kompetenz der Mitarbeiter prüfen. Wenn Sie spontan nicht die perfekte Antwort kennen, haben Sie bei diesem Status-Spiel verloren.

Umgehen Sie diese Situationen. Bleiben Sie ruhig und gelassen. Richten Sie Ihren Körper auf. Achten Sie auf einen festen Stand bzw. eine gerade Sitzposition. Zeigen Sie auf keinen Fall Schwäche. Lächeln Sie Ihren Vorgesetzten souverän an und geben Sie ihm Wertschätzung für seine Fachfragen: „Auf Grund meines hohen Anspruchs an dieses Projekt, möchte ich diese Frage noch einmal im Detail prüfen und gebe Ihnen zeitnah ein Feedback." Sie sagen niemals „Das weiß ich nicht." Sie signalisieren ihm, dass Sie Ihre Arbeit zuverlässig und gewissenhaft erledigen. Somit haben Sie diesen 'Statuskampf' egalisiert.

Wie wäre es mit einem Ideenklauer-Beispiel? Im Meeting präsentiert die Hyäne auf einmal Ihre Ideen. Uff. Jetzt ist es an Ihnen, das Ruder 'rumzureißen. Richten Sie sich auf, machen Sie Hoch-Status-Gesten. Nehmen Sie sich Raum, indem Sie sich breiter setzen und sagen Sie: „Danke, lieber Kollege, dass Sie bereit sind, meine Projektidee schon einmal vorzutragen. Gern führe ich hier die Details aus, mit denen ich Sie noch nicht betraut habe." Berichten Sie auch über Ihre Erfolge in den vergangenen Tagen. Und das alles natürlich ohne Weichmacher.

Nun ein Gehalteserhöhungs-Beispiel? Sie möchten eine Gehaltserhöhung, sind sich aber nicht sicher, wie Sie vorgehen sollen? Vor Beginn des Gespräches muss das genaue Ziel feststehen. Wie viel Gehalt möchten Sie bekommen? Ab wann möchten Sie die Erhöhung? Bereiten Sie sich ganz konkret vor und bringen Sie sich metal in einen Hoch-Status. Sieger gehen in den Kampf, um zu gewinnen. Nicht, um 'nicht zu verlieren'. Wie sprechen Sie in dem Moment mit sich? Sagen Sie: "Das wird schwer!" So bekommen Sie nicht mehr Geld. Sagen Sie sich immer wieder, dass Sie eine Gehaltserhöhung bekommen. Es ist nachgewiesen, dass unsere innere Kommunikation unsere äußere Kommunikation beeinflusst. Gute Gedanken wirken sich positiv auf die Körpersprache aus. Somit können Sie aus einer Stärke heraus mit Ihrem Chef in die Verhandlung gehen.

Beim Status geht es nicht um Äußerlichkeiten, sondern um die richtige Wahrnehmung. Diese kann nur durch eine entsprechende Wirkung erzielt werden.

Denken Sie an eine Situation in der Sie sich 'unterlegen' gefühlt haben. Vergegenwärtigen Sie sich diese Situation noch einmal.

Wie würden Sie jetzt nach diesem Kapitel damit umgehen? Was würden Sie anders machen?

TIPPS

▸ Lassen Sie sich von Hyänen nicht unter Wasser drücken, wehren Sie sich.

▸ Vor wichtigen Gesprächen reden Sie sich selbst gut zu, um Ihren Status zu erhöhen.

▸ Lassen Sie sich grundsätzlich nicht auf Status-Spiele mit Hyänen ein.

Die Alpha DNA kurz gefasst!

- Vor jeder Kommunikation findet ein Statuskampf statt.

- Status und Macht werden unterschiedlich definiert.

- Umso höher der eigene Status, desto wahrscheinlicher ist der Erfolg.

- Den Status einer Person erkennt man an ihrer Körperhaltung.

- Hoch-Status-Typen führen, Tief-Status-Typen folgen.

- Der Status entsteht durch das Umfeld.

- Die Höhe des Status ist kontextabhängig.

- Es existieren vier verschiedene Statustypen.

- Geben Sie einem Hoch-Status-Typ nie sofort das, was er möchte. Das langweilt ihn.

Die Alpha DNA

I

Charisma

Angeboren oder angeeignet? So entsteht Charisma!

Wussten Sie, dass Charisma eine Gnadengabe Jesu' an seine Jünger war?! Und wussten Sie, dass der beschränkte Geist der Hyäne glaubt, sie selbst sei diese Gottesgabe an die Menschheit?! – Einfach unglaublich.

Doch noch einmal von vorn: Wenn wir nicht religiös, sondern auch psychologisch und soziologisch auf das Phänomen Charisma schauen, gibt es einen weiteren wirklich wichtigen Aspekt. Die Psychologen fanden heraus, dass sich Charisma aus dem Phänomen der Emotionalität speist – so empfinden charismatische Menschen sehr stark emotional. Und sie inspirieren emotional auf besondere Weise. In der soziologischen Forschung wurde zudem bewiesen, dass charismatische Menschen resistent gegenüber Einflüssen anderer Menschen sind, auch anderer charismatischer Menschen.

Wow, ein Alpha ist immun gegen den Einfluss anderer Charismatiker. Er lässt sich scheinbar von nichts und niemandem beeinflussen. Das ist sein Geheimnis für uneingeschränkt eigenständige Entscheidungen. Kein Wunder also, dass Alphas unabhängig und stark sind.

Die Hyäne dagegen ist anderen Charismatikern geradezu gnadenlos ausgeliefert. Um genau zu sein, ist sie jeglichem Charme erlegen. Ihr Mangel an Selbstbewusstsein, macht sie süchtig nach permanenter Bestätigung. Ein Charismatiker weiß dies (aus-) zu nutzen und verteilt Aufmerksamkeiten und Anerkennung wie Kamellen. Damit ist es um die Hyäne geschehen. Dies führt zu zwei Phänomenen:

I. Die Unterwerfung
    Eine Hyäne kennt keine Gleichberechtigung. Sie kennt nur oben und unten. Also wird sie sich freiwillig der nächstbesten Hyäne unterwerfen, die noch besser quatschen kann als sie selbst.

II. Die Einsamkeit
    Eine Hyäne ist weder der Lieblingspartner der Alphas – diese
    wenden sich genervt ab –, noch der, der Arbeitstiere – diese
    ducken sich verschüchtert weg. Und wer bleibt? Die anderen
    Hyänen. Und diejenigen Arbeitstiere, die sogar zu feige sind, sich
    wegzuducken. Doch beide sind offenkundig schwach und damit
    minderwertig in der Wahrnehmung der Hyäne. Sie wird sich also
    viele gut ausgedachte Argumente zurechtlegen, um sich zu ent-
    ziehen und ihre Einsamkeit zu begründen.

Ein Alpha ist leibhaftiges Charisma. Er lebt Charisma, in dem er
Menschen wertschätzend behandelt und mit seinem ausgeprägten
Kommunikationstalent wohlwollend führt.

Und das Arbeitstier? Es muss lediglich Acht geben, keinem Dampf-
plauderer (Hyäne) aufzusitzen, sondern einem wahren Alpha zu
folgen.

Noch einmal zurück zum Charisma. Wie bereits beschrieben, bedeutet Charisma im weiteren Sinne, Menschen durch die eigene
Persönlichkeit, als auch durch Kommunikationsfähigkeit zu überzeugen. Charisma hat also nichts mit Selbstdarstellung zu tun, wie
so viele meinen. Im Mittelpunkt zu stehen und sich womöglich
selbst zu huldigen ist das Gegenteil von Charisma, es ist die Überheblichkeit der Hyäne. Auch wenn viele dieser Selbstdarsteller meinen, sie seien charismatisch. Sie sind es nicht!

Charisma zeigt sich in der Fähigkeit, Menschen wertschätzend zu
behandeln und sie mit einem ausgeprägten Kommunikationstalent
zu führen. Es soll mit anderen Menschen verbinden, um diese zu
begeistern und zu motivieren.

Charisma entsteht von innen. Es geht um die Einstellung und
Denkweise des Menschen. Das, was jemand ausstrahlt. Eine Person, die mit sich im Reinen ist, wirkt charismatisch. Diese innere
Klarheit entsteht nur durch Persönlichkeitsentwicklung. Deren Basis
die Erkenntnis ist, nichts darstellen zu müssen, was man nicht ist.

Im Gegenteil zeigt es sich darin, authentisch und ehrlich zu sein. Das ist die Kunst.

Wir müssen zu einem Menschen werden, der eine anziehende Ausstrahlung auf sein Umfeld hat. Der andere faszinieren und begeistern kann. Das ist Charisma.

Sich in den Mittelpunkt zu stellen und größer zu machen, als man ist, bringt gar nichts. Oder glauben Sie, dass Menschen wie Nelson Mandela oder Mutter Teresa eines Morgens aufwachen und von sich sagen: „Toll, ich bin charismatisch!" Nein! Die aktive Arbeit an ihrer Persönlichkeit, ihren Einstellungen und ihrer Wirkung haben sie dazu gebracht. Und beide haben eines gemeinsam. Sie führen Menschen über Einfluss, nicht über Macht.

Mutter Teresa war eine faszinierende Frau. Interviews gab sie nur, wenn sie als Gegenleistung Unterstützung für ihr Projekt erhielt. So nahm sie Einfluss. Ihr Standpunkt war klar. Ihre Mission auch. Und ihre Ziele verfolgte sie ohne Wenn und Aber.

Nelson Mandela kämpfte sein Leben lang gegen die Apartheidspolitik seines Landes. Nichts konnte ihn aufhalten. Er setzte sich gegen Rassentrennung, Unterdrückung und soziale Ungerechtigkeit ein. War das immer leicht für ihn? Keinesfalls, denn für seine Überzeugung musste er viele Jahre ins Gefängnis. Doch sein Standpunkt war klar und er nahm dafür jede Entbehrung in Kauf. – So kämpfen Charismatiker.

Charisma ist keinesfalls ein Geschenk, das nur wenige bekommen. Im Gegenteil hat es jeder in der Hand, eigenständig daran zu arbeiten. Sicherlich ist der Weg lang – lebenslang.

Wahre Charismatiker, wie Mutter Teresa und Nelson Mandela, setzen ihre Fähigkeiten nicht nur für das eigene Wohl, sondern auch für das Allgemeinwohl ein. Das ist der ultimative Unterschied zu Hyänen. Diese arbeiten ausschließlich für sich und bezahlen diesen Egoismus unter anderem damit, ihr mögliches Charisma zu mindern. Eigennutz führt nicht zum Erfolg. Prahlerei, Prestige und Protzerei machen nicht charismatisch.

Viele verwechseln Image und Eigenmarketing mit Charisma. Doch dies sind unterschiedliche Dinge. Eigenmarketing ist die Fähigkeit, sich perfekt zu vermarkten und zu positionieren. Ziel ist es, die eigene Person als Markenpersönlichkeit zu etablieren. Das ist gleichzusetzen mit dem Aufbau eines Images. Das ist relativ einfach, denn es geht um eine gute Verpackung. Es gilt bewusst aufzutreten und kommunikativ fit zu sein. Image ist also oberflächlich. Es geht darum, wie andere uns sehen. Und so bezeichnet Image den Gesamteindruck, den eine Mehrzahl von Menschen von einer Person hat. Dieser Gesamteindruck ist eher oberflächlich und muss nicht zum Innenleben passen. Der Gesamteindruck ist zudem subjektiv und kann objektiv völlig falsch sein. Doch wie es sich auch fügt, der Gesamteindruck beeinflusst die Meinung der Menschen.

Ein Charismatiker hingegen braucht und benutzt interaktive Intelligenz. Das ist die Fähigkeit, das Umfeld wahrzunehmen, einzuschätzen und passend darauf zu reagieren. Das passiert auf körpersprachlicher Ebene und auf kommunikativer Ebene.

Zuerst werden alle verfügbaren – auch unterschwelligen – Informationen gesammelt. Sie müssen dann richtig eingeordnet werden, denn es geht darum, einzuschätzen, wie sich der Gesprächspartner fühlt, welche Einstellung er hat und was er denken mag. Mit all diesen Informationen hat der Charismatiker einen großen Vorsprung im Kontakt – er kann perfekt auf die Bedürfnisse des Gegenübers reagieren. Das erfordert viel Einfühlungsvermögen und Flexibilität – und vor allem eine gestandene Persönlichkeit. Das ist Charisma.

Fragen Sie sich, wie das in der Praxis funktioniert? Hier ein mögliches Szenario: Eine Abteilung muss auf Vordermann gebracht werden. Sie werden zur Unterstützung gerufen. Legen Sie dann sofort los? Nein! Sie verschaffen sich zuerst einen Eindruck über die Situation und das Umfeld. Wie viele Mitarbeiter sind betroffen? Wie sind die Hierarchien gegliedert? Passen die Persönlichkeiten der Mitarbeiter zur Struktur bzw. zur Position? ... Wenn Sie diese Eckdaten geklärt haben, dann verfügen Sie über einen erweiterten Eindruck.

Sie besprechen vieles mit Ihren Mitarbeitern. Vergleichen Ihre Eindrücke, um ein Zwischenfazit zu ziehen. Erst jetzt legen Sie eine Strategie fest. Dabei analysieren Sie: Wie könnten die einzelnen Parteien auf meine geplanten Änderungen reagieren? Wie bringe ich diese am besten rüber, um die Menschen zu motivieren? ...

All diese Analysen, Einschätzungen und strategischen Erwägungen dienen dazu, in der Situation optimal zu reagieren.

Kennen Sie Vorgesetzte, die von den eigenen Mitarbeitern nicht akzeptiert werden? Das sind im wahrsten Sinne des Wortes 'Vor-Gesetzte'. Ein typisches Hyänen-Phänomen, denn Hyänen würden sich nicht die Zeit nehmen, die es für charismatische Führung braucht. Sie platzen in die Abteilung hinein. Betrachten die operativen Abläufe und ändern dann auf ihrem Klemmbrett ein paar Verfahrensweisen, streichen noch ein paar Namen in der Mitarbeiterliste— fertig. Frei nach dem Motto: „Nach mir die Sintflut!"

Ganz im Gegensatz dazu der Charismatiker, der natürlich auch seine Vorstellungen umsetzt − allerdings immer mit der Zustimmung der Beteiligten. Das schafft langfristigen Erfolg.

Besonders bei Menschen, die Angst vor Veränderung haben, bringt die Brechstangenmethode den gegenteiligen Effekt − sie führt lediglich zur Demotivation und Widerstand ist vorprogrammiert.

Ein Charismatiker setzt sich und seine Ideen durch, indem er sein Umfeld mit großem Einfühlungsvermögen dazu bringt, ihn zu unterstützen. Michael Grinder bringt es in seinem Buch „Pentimento" auf den Punkt. Der Charismatiker vereint die Eigenschaften des Hoch-Status-Typen und des Tief-Status-Typen.

Hoch-Status-Eigenschaften sind: Zielstrebigkeit, Ehrgeiz, Dominanz, Durchsetzungskraft, starkes Selbstbewusstsein, Führung etc.

Tief-Status-Eigenschaften sind: Feinfühligkeit, Einfühlungsvermögen, Verständnis, Geduld, Zurückhaltung etc.

Da stellt sich die Frage, wie wird ein Hoch- bzw. Tief-Status-Typ zum Charismatiker?

Hoch-Status-Typen müssen ihre Fähigkeiten mit den Eigenschaften des Tief-Status-Typen ergänzen. Dann wirken sie charismatisch. Konkret bedeutet das für einen Hoch-Status-Typ bei Ungeduld (weil es ihm wie immer zu langsam geht), einen Gang zurückzuschalten. Weg vom Antreiber, hin zum Motivator. Und genau hier liegt die Herausforderung für die Hoch-Status-Typen. Sie haben Schwierigkeiten, sich mit einer langsameren Gangart zu identifizieren. Sie wollen schnelle Ergebnisse erzielen. Doch langfristig erfolgreich wird man nur mit den emotionalen Eigenschaften des Charismatikers. Das heißt, sich selbst zurück zu nehmen, auf das Umfeld einzugehen und über Einfluss zu führen. Dies ist kein 'entweder-oder', sondern eine Ergänzung ihrer bereits vorhandenen Fähigkeiten.

Tief-Status-Typen machen es umgekehrt. Sie eignen sich Eigenschaften des Hoch-Status-Typen an. Wenn also mal wieder jemand sagt, was er zu tun und zu lassen hätte, dann steht er zu seiner eigenen Meinung. Er beginnt damit, seine Ideen umzusetzen, indem er sie durchsetzt. Und zusätzlich trainiert er, schnelle Entscheidungen zu treffen und eine direkte Kommunikation an den erforderlichen Stellen zu führen. Gepaart mit dem vorhandenen Einfühlungsvermögen ergibt das eine unschlagbare Mischung.

Eine positive Nachricht für alle Tief-Status-Typen. Es ist einfacher vom Tief-Status-Typ zum Charismatiker zu werden. Der Hoch-Status-Typ hat da mehr Probleme. Warum? Kommunikation und Zielfokussierung lassen sich einfacher lernen. Feingefühl und Sensibilität hingegen sind emotionale Punkte. Die müssen gefühlt werden. Ausnahmen bestätigen natürlich wie immer die Regel.

Bringen wir es auf den Punkt. Der Charismatiker hat innen einen hohen Statuts, spielt aber nach außen tief. Das ist für ihn ein geschickter Schachzug, damit er leichter seine Ziele erreicht. Da er auch in der Umsetzung seiner Zielen nicht bereit ist über Leichen zu gehen (wie die Hyäne), verbündet er sich mit seinem Umfeld. Dabei bezieht er jeden mit ein. Er baut Beziehungen auf, so dass sich die Menschen in seinem Umfeld wohlfühlen. Sie freuen sich, mit Respekt und Wertschätzung behandelt zu werden. Es gibt jedem Beteiligten ein gutes Gefühl, respektvoll, statt von oben herab, behandelt zu werden. Und so bilden sie ein Team in der Unterstützung seines Vorhabens und stehen hinter ihm. Damit ist klar: Charismatiker sind automatisch auch die größten Führungspersönlichkeiten unserer Zeit.

„Charismatiker sind beeinflussend, haben aber gute innere moralische Werte.", sagt Dr. med. Peter Hoffmann (Universitätsklinik Graz). Und das ist auch gut so, denn mit der Kraft des Charismas könnte man wirklich schlimme Dinge anstellen. Einige schockierende Beispiele kennen wir aus der Vergangenheit. Dies ist die Schattenseite der Medaille. Es gibt immer zwei Seiten. So kann ein Feuer ein Haus verbrennen oder mit seiner Wärme einen wohnlichen Ort schaffen. Konzentrieren wir uns also auf das Wärmen.

Charismatische Personen sind ausdrucksstark. Sie überzeugen ihr Umfeld. Ihr ausgeprägtes Gespür hilft ihnen, die Bedürfnisse ihrer Mitmenschen zu erkennen. Zudem sind sie bereit, unter großem persönlichen Einsatz und auch mit großem persönlichen Risiko, ihre Ideen und Visionen zu verteidigen. Unkonventionelles Verhalten wird dabei akzeptiert. Natürlich polarisiert ein Charismatiker mit diesem Verhalten. Wenn er aber 'Anhänger' gefunden hat, dann bleiben sie ihm treu.

Kann sich jeder diese Fähigkeiten aneignen? Natürlich. Und natürlich braucht es eine gewisse Portion Mut und Durchhaltevermögen dazu. Ich weiß: „Wenn man von etwas überzeugt ist, dann darf man das klar kommunizieren und seine Meinung verteidigen. Egal wie viel Widerstand entsteht."

Und was subsumiere ich noch unter die typischen Fähigkeiten eines Charismatikers?

▸ Ein Charismatiker ist unterstützend. Er fordert und fördert sein Umfeld.

▸ Er ist gebildet. Er legt Wert auf Kompetenz und baut sie täglich aus.

- Ihn umgibt eine gewisse Aura. Es ist seine Ausstrahlung, die ihn attraktiv macht. Auch dann, wenn er keine Schönheit ist. Und damit ist er das beste Beispiel dafür, dass Image und Charisma nicht das Gleiche sind. Würde er sich nur gut kleiden und darstellen, hätte er bei weitem nicht diese Wirkung.

- Der Charismatiker entwickelt Visionen – Visionen, mit denen sich andere gut identifizieren können.

- Seine Körpersprache ist ausdrucksstark, zeitweise sogar dominant. Das verleiht seinen Aussagen mehr Gewicht.

- Er kann sich selbst und andere gut organisieren. Und auch das Delegieren fällt ihm leicht. Er ist bereit, Verantwortung zu teilen, ja sogar abzugeben.

- Er ist ein guter Zuhörer. Das ermöglicht ihm sein Einfühlungsvermögen. Er selbst kann starke Gefühle empfinden, diese ausdrücken und auch in anderen starke Gefühle wecken. So erreicht er seine Mitmenschen emotional.

- Er verfügt über Verantwortungsgefühl und ihm sind ethische Überzeugungen sehr wichtig.

- Er wahrt ein gutes Bild nach außen. Stress lässt er sich nicht anmerken und so wirkt er immer souverän.

- Ein Charismatiker redet gerne und daher auch oft länger. Doch er verwendet das Wort „WIR", entgegen den vielen „Ich"s der Hyänen. WIR ist ein wichtiges Wort, besonders dann, wenn man gemeinsam mit anderen Menschen ein Ziel erreichen möchte.

- Seine Sprache ist einfach gehalten, umgangssprachlich eben, denn sie soll verbinden.

Um es auf den Punkt zu bringen: Charismatiker sind wahre Alphas. Sie nutzen all ihre Eigenschaften und setzen sie gezielt ein.

Notieren Sie sich die Eigenschaften der Charismatiker, die Sie für sich selbst ausbauen möchten.

▸ Ordnen Sie die Reaktionen Ihres Gesprächspartners immer auch emotional ein.

▸ Sprechen Sie in der WIR-Form.

▸ Denken Sie – auch mit Blick auf Ihre persönlichen Ziele – immer an das Allgemeinwohl.

Kalkulieren oder polarisieren?
Die Eigenschaften des Charismatikers!

Polarisieren bedeutet so viel, wie Zwischentöne verschwinden zu lassen, so dass es nur noch Schwarz und Weiß zu geben scheint. Wenn also jemand polarisiert, dann wirkt er auf Menschen entweder-oder: entweder anziehend oder abstoßend, entweder sympathisch oder unsympathisch, entweder ist er ihr Freund oder ihr Feind. Dazwischen gibt es nichts. Das ist irritierend? Nein, es ist vereinfachend! Und viele Menschen lieben eben diese Vereinfachung – besonders in unserer hochkomplexen Welt.

Polarisierung erreicht man beispielsweise, indem man absolute Aussagen trifft, da sie Widerspruch bei Andersdenkenden hervorrufen. Gleichzeitig aber große Zustimmung bei ihren Befürwortern findet. Das Gegenteil dazu wären gefällige, schwammige Antworten.

Wie beim Nord- und Südpol, dem Plus- und Minuspol, gibt es immer zwei sich gegenüberstehende, völlig gegensätzliche Pole. Polarisieren meint also, die Gegensätze, die schon da sind, zu unterstreichen, offenzulegen und zu betonen.

Polarisierung ist also an sich nichts Negatives. Sie wird von den Arbeitstieren allerdings so aufgefasst, da Polarisierungen nicht der 'Norm' der Nettigkeit entsprechen. Personen, die polarisieren, zeigen aber nur die vorhandenen Gegensätze auf, indem sie einen Pol besonders betonen. Mehr ist es nicht.

Arbeitstiere selbst würden nie polarisieren – das wäre viel zu nonkonformistisch. Dennoch suchen sie nach diesen Polen, um sich selbst in der Unsicherheit auszurichten. Hier springen die Hyänen ein – sie polarisieren gezielt, um Arbeitstiere an sich zu binden. Alphas polarisieren auch, das entspricht ihrem Wesen, da sie Dinge hinterfragen und nicht automatisch akzeptieren, was ihnen von der Gesellschaft gesagt oder vorgelebt wird.

Und hier ist auch einer der Gründe zu finden, warum Hyänen und Alphas nicht miteinander auskommen können und wollen: Hyänen hassen es, in Frage gestellt zu werden, denn das kratzt die Fassade des scheinbaren Selbstbewusstseins an. Alphas aber stellen alles in Frage, und vor allem stellen sie Autorität in Frage.

Warum fühlen sich alle anderen von den Alphas angezogen? Warum nimmt man sie als ausdrucksstark wahr? Ganz einfach! Sie haben klare Überzeugungen und einen festen Standpunkt. Das macht es einfach mit ihnen – wenn man, ja, wenn man über Selbstbewusstsein verfügt oder nach einer Ausrichtung sucht.

Steve Jobs, Barack Obama, Mutter Teresa, Nelson Mandela und auch Madonna – um mal etwas Farbe reinzubringen – all diese Personen stehen für etwas. Sei es für Fortschritt und Innovation wie Steve Jobs. Für die Möglichkeit alles zu erreichen – YES WE CAN! – wie Barack Obama. Für den Weltfrieden, der Mutter Teresa angetrieben hat. Oder die Gleichstellung von Rassen, wie Nelson Mandela. Oder aber auch den Bruch mit Konventionen, wie die Sängerin Madonna. Alle haben eine eigene Botschaft. Und sie kommunizieren sie kompromisslos.

Eine weitere wunderbare – polarisierende und kompromisslose – Frau war Coco Chanel. Sie ist ein sehr gutes Vorbild für Standfestigkeit. Die Frauen zu ihrer Zeit trugen unbequeme, lange und vor allem eng geschnürte Kleider. Coco Chanel fand das furchtbar und änderte es. Und noch heute – lange nach ihrem Tod – steht sie für weibliche Eleganz und das kleine bequeme Schwarze. Ihr Weg war nicht einfach und sie hat sich eher wenige Freunde gemacht, aber für viel Freiheit gesorgt.

Und genau das ist es, was charismatische Personen ausmacht. Sie brechen mit Normen. Und das aus einer festen Überzeugung heraus. Damit fallen sie auf.

Vielen Menschen sind dagegen mehr Fähnchen im Wind. Sie schwenken von einer Seite zur anderen. Gehen mit den allgemeinen Trends und folgen Menschen ohne klare Meinung. Hauptsache nicht auffallen. Vorsicht: Wer nicht auffällt, fällt ab! Denn die Individuellen gestalten unsere Welt.

Notieren Sie: Was ist Ihr Standpunkt? Für welche Überzeugung stehen Sie ein? Was möchten Sie bewegen?

TIPPS

▸ Lassen Sie sich keineswegs von Ihrem Standpunkt abbringen.

▸ Seien Sie anders als die Anderen.

▸ Passen Sie Ihren Status an die Situation an.

ABSTOßEND ODER ANZIEHEND?
SEIEN SIE CHARISMATISCH!

Zum Ende dieses Buches stelle ich Ihnen die Gretchenfrage: Wie stehen Sie zum Thema Macht? Wie stehen Sie zum Typ Alpha? Sind sie abgestoßen oder angezogen?

▸ Wenn Sie sich abgestoßen fühlen, dann sind Sie höchstwahrscheinlich ein Arbeitstier. Und noch immer übertragen Sie Ihre Erfahrungen mit Hyäne auf Alphas.

▸ Haben Sie sich dagegen mit dem Thema Alpha versöhnt? Dann sind Sie auf einem sehr guten Weg.

▸ Finden sie Alphas anziehend? Herzlichen Glückwunsch! Dann gilt es nur noch, die Hyänen in ihrem Umfeld zu entlarven und daraus zu entfernen.

Haben Sie sich erkannt?

Fragen Sie sich nun auch, ob Sie auf Ihr Umfeld charismatisch wirken. Tja, aber wann kann man von sich sagen, dass man eine charismatische Ausstrahlung hat? Sie können es wahrscheinlich nicht von sich selbst sagen. Charisma ist eine Eigenschaft die Ihnen von Ihrem Umfeld zugesprochen wird. Natürlich kann man behaupten, der kühnste Held zu sein, doch was, wenn Kollegen und Mitarbeiter das anderes sehen? Dann ist Ihre einsame Meinungen nicht von Belang. Also auf, und testen Sie sich auf Charisma:

I.   Lassen sich die Menschen von Ihnen führen? Ja oder nein?

II. Wenn Sie zur Veränderung aufrufen, bekommen Sie dann sofort Fürsprecher? Ja oder nein?

III. Wenn Sie eine Idee haben, wird diese dann schnell angenommen und umgesetzt? Ja oder nein?

IV. Ist Ihr Umfeld sofort bereit, Sie bei Ihren Vorhaben zu unterstützen? Ja oder nein?

V. Vertrauen Ihnen Ihre Mitmenschen (Mitarbeitern | Kunden | Kollegen)? Ja oder nein?

VI. Haben Sie im Gespräch immer die volle Aufmerksamkeit aller Beteiligten? Ja oder nein?

Wie viele Fragen haben Sie mit „JA!" beantwortet? Waren es mehr als die Hälfte? Dann gratuliere ich Ihnen. Ihr charismatischer Anteil ist sehr hoch.

Man kann nie genug Charisma haben. Bauen Sie es aus. Verwenden Sie die Strategie 'Modelling of Excellence' und suchen Sie sich ein Vorbild, in Ihrer Firma, im Fernsehen, in der Politik. Beruf, Alter oder Geschlecht spielen hier keine Rolle. Zwei oder drei charismatische Persönlichkeiten dürften reichen, um Sie auf einen hervorragenden Weg zu bringen. Beobachten Sie und stellen Sie sich immer wieder die Frage, was das Besondere an Ihrem Vorbild ist. Welche Eigenschaften lassen diese Person Ihrer Meinung nach charismatisch sein? Und notieren Sie sich die Antworten.

Die Alpha DNA kurz gefasst

▸ Charisma ist ein Begriff aus der Bibel.

▸ Charisma entsteht von innen heraus.

▸ Charisma kann gezielt durch Persönlichkeitsentwicklung gefördert werden.

▸ Image und Eigenmarketing haben nichts mit Charisma zu tun.

▸ Charismatiker verfügen über eine ausgeprägte interaktive Intelligenz.

▸ Ein Charismatiker verbindet die Eigenschaften eines Tief-Status-Typen mit denen eines Hoch-Status-Typen.

▸ Charismatiker verteidigen ihren Standpunkt.

▸ Charismatiker entwickelt Visionen.

▸ Charismatiker sind zu 100% von den Dingen überzeugt, die sie vertreten und kommunizieren.

▸ Charismatiker sprechen in der WIR-Form.

Das bleibt noch zu sagen!

Für Alphas steht es nicht im Vordergrund ihr Umfeld von sich zu begeistern. Dennoch sorgen sie mit ihrer Art für eine starke Attraktivität. Das Verlangen vieler Hyänen sich übergroß und mächtig zu machen, schadet nicht nur ihnen selbst, sondern auch ihrem Umfeld. Daher darf ein Umdenken passieren.

Mir war wichtig, Ihnen die positiven Eigenschaften der Charismatiker zu vermitteln. Und das es möglich ist, das Miteinander zu verbessern.

Mir war wichtig, den Unterschied zwischen den scheinbaren und den wahren Alphas zu vermitteln. Es lohnt sich, genauer hinzusehen. Wie heißt es so schön: Macht verdirbt nicht den Charakter, sie bringt ihn zum Vorschein. Macht in den falschen Händen bedeutet Machtmissbrauch.

Zum Finale die drei Erkennungsmerkmale der Hyänen:

▸ Sie arbeiten mit Verführung und Versprechung.

▸ Sie spielen mit Phantasien und Fiktionen.

▸ Das Arbeitstier investiert, die Hyäne kassiert.

Dagegen die drei Erkennungsmerkmale der Alphas:

▸ Sie arbeiten mit Forderung und Förderung.

▸ Sie spielen mit Freiheit und Vision.

▸ Jeder investiert und jeder kassiert.

Wenn ein Arbeitstier den Weg mit einem Alpha geht, ist es möglicherweise ein langer Weg, doch er ist sicher und beständig. Das Arbeitstier muss arbeiten, an sich und der eigenen Karriere, nicht an der des Alphas.

Ich wünsche Ihnen viele charismatische Menschen in Ihrem Umfeld.

Ihre Marina Friess

Die Alpha DNA
im PodCast

SIE KÖNNEN NICHT GENUG VON DER ALPHA DNA BEKOMMEN?

Dieser Podcast steigert Ihren Einfluss, Ihre Faszinationskraft, Ihre Selbstbestimmtheit, Ihren Status und mehr.

Regelmäßig erhalten Sie Tipps für ein überzeugendes Eigenmarketing. Steigern Sie Ihre Souveränität und Ihre Wirkung!

Sichern Sie sich Ihren kostenfreien Zugang unter

WWW.MARINAFRIESS.COM/PODCAST

Die Alpha DNA
der Videokurs

Die Alpha-DNA
in Bild und Ton

Erfahren Sie die Geheimnisse der Alphas von Marina Friess in Bild und Ton.

Steigen Sie online ein und erleben Sie, wie Sie durch gezielte Techniken Ihre Wirkung optimieren können.

Mit den Online Seminaren erfahren Sie, unabhängig von Zeit und Ort, welche Denkmuster Sie steuern und wie Sie diese in die von Ihnen gewünschte Außenwirkung anpassen.

Sie erhalten praxisrelevante Informationen und interaktive Erlebnisse rund um das Thema Eigenmarketing, Kommunikation, Überzeugungskraft und vieles mehr.

Online Seminare sind zukunftsweisend und komfortabel. Nehmen Sie online an Seminaren teil und erleben Sie Expertenwissen bequem und effizient. Sie benötigen lediglich einen Internet-Zugang, den Zugang zu unserer Academy und schon nehmen Sie an Ihrem Wunschseminar teil – bequem am Monitor, am Ort Ihrer Wahl, zur Zeit Ihrer Wahl und so oft Sie es wünschen.

Weitere Informationen unter:

WWW.MARINAFRIESS.COM/ONLINESEMINAR

Der Feminess-Club

FEMINESS – FEMALE BUSINESS

Haben Sie sich schon einmal gefragt, was die Geheimnisse der erfolgreichsten Frauen sind? Was unterscheidet die charismatischsten Frauen von den anderen? Worin liegen ihre größten Stärken?

Wir haben die erfolgreichsten Frauen begleitet und analysiert, um aus diesen Erfahrungen eine Online-Lernplattform zu kreieren. Hier werden Sie lernen, die Geheimnisse der Erfolgsfrauen für sich anzuwenden.

Der Feminess Club bietet Ihnen mehrmals im Monat Videokurse und Lernunterlagen rund um das Thema Eigenmarketing und Erfolg. Sichern Sie sich Ihren Feminess Club - Gutschein, wenn Sie:

‣ sich besser präsentieren möchten

‣ immer selbstbewusst und souverän auftreten möchten

‣ sich selbst beruflich besser vermarkten möchten

‣ überzeugender mit Menschen kommunizieren möchten

‣ noch leichter Ihre Ziele erreichen möchten

Senden Sie uns eine e-Mail mit Ihrem Code an info@feminess.de

SO GEHT ES WEITER

DIE ALPHA-DNA
DIE ZUKUNFT IST WEIBLICH!

Freuen Sie sich auf sechs Expertinnen. Marina Friess präsentiert Ihnen fünf Erfolgsfrauen der Gegenwart, die mit ihrer Innovationskraft bewiesen haben, dass die Zukunft weiblich ist.

Persönlichkeit, Körpersprache, Kommunikation, Status und Charisma bilden den Nährboden des weiblichen Erfolges.

Marina Friess entschlüsselt für Sie den genetischen Code der Alphafrauen.

MARINA FRIESS
AUTORIN & REFERENTIN

Sieg mit Stil – Sieg ist Stil!

Marina Friess entschlüsselt Ihnen die Machtcodes der oberen Zehntausend. Mit ihr steigern Sie Ihren Einfluss.

Die Publizistin – Stern, Fokus, Cash, Handelsblatt, Wirtschaftswoche – und Expertin für Eigenmarketing entschlüsselt Alpha-Codes und eröffnet Ihnen damit neue Wege.

Nach Jahren als Vertriebsleiterin hatte Marina Friess genug. Sie erlebte, dass gute Argumente und Techniken in der Geschäftswelt nicht reichen. Sie erkannte, dass Eigenmarketing dort beginnt, wo Vertrieb aufhört: „Nur der eigene Status verschafft den nötigen Vorsprung. Denn Status bedeutet Spitze! Wollen Sie an die Spitze?"

Ihre Kunden lesen sich wie das 'Who is Who' der deutschen Wirtschaft – Deutsche Bahn AG, s´Oliver, Timberland, Deutsche Bank AG...

Mit ihrer Firma Feminess – Female & Business – hat sie sich bereits die Pole Position am Weiterbildungsmarkt für Frauen gesichert. Ihre Expertise stützt sich auf zahlreiche Ausbildungen im Bereich Verkauf, Führung, Kommunikation und Persönlichkeitsentwicklung. Diese langjährigen Erfahrungen machen ihre Vorträge so lebendig.

In ihrem Vortrag 'Sieg mit Stil? Sieg ist Stil!' entschlüsselt sie die Machtcodes der einflussreichsten Menschen und zeigt, wie jeder mit Souveränität und Stil siegen kann. Denn ob als Sieger aus Konflikten, aus Verhandlungen oder aus dem Wandel – Ihr Sieg ist eine Frage des Stils!

Auch unabhängige Experten schätzen ihr Know-how und zeichnen sie mit den Qualitätszertifizierungen „QualitätsExperte" und „Top-Speaker" aus.
Marina Friess bringt Stil auf Ihre Bühne.

Weitere Informationen unter   www.marinafriess.com

Feminess
Business Kongress

FEMINESS
BUSINESS KONGRESS

Nie zuvor war die Rolle der Frau in der Gesellschaft so vielseitig. Nie hatten Frauen so viele Möglichkeiten in der Lebensgestaltung. Nie war beruflicher Erfolg für Frauen so einfach.

Erfolg unterliegt bestimmten und besonderen Faktoren – ob Sie Erfolg als Mitarbeiterin, Vorgesetzte oder Unternehmerin wünschen.

Auf jedem Feminess Business Kongress entschlüsseln Ihnen namhafte Referentinnen die Erfolgsfaktoren, die Sie als Frau nach vorne bringen. Mit der Umsetzung weiblicher Erfolgsformeln erreichen Sie Ihre Ziele und dauerhafte Zufriedenheit.

Wie das geht? Lassen Sie sich inspirieren, wie Sie in den unterschiedlichsten Lebensbereichen mit tiefer Erkenntnis, starkem Selbstvertrauen und ausgezeichneter Selbst-Vermarktung zu mehr Erfolg gelangen

Ich, Marina Friess, lade mit dieser Veranstaltung Frauen ein, die Lust auf Weiterbildung, Erfolg und Netzwerken haben.

Weitere Informationen finden Sie unter www.feminess-kongress.de

KONTAKT
MARINA FRIESS

Ihr Kontakt zur Alpha DNA

Marina Friess

WWW.MARINAFRIESS.COM

Tel: +49 (0) 2225 | 911 33 20

MAIL@MARINAFRIESS.COM

Flossstr. 15 | 53359 Rheinbach

QUELLEN

Agodom, S. (1. Februar 2003). Eigenlob stimmt: Erfolg durch
    Selbst-PR. Berlin: Econ; Auflage: Nachdruck.
Andrea König. (2013 | 08-Mai). Cio. From
    http://www.cio.de/apple/2878624/
Dutton, K. (1. Dezember 2012). Gehirnflüsterer: Die Fähigkeit,
    andere zu beeinflussen. München: Deutscher Taschenbuch
    Verlag.
Erlandson, K. L. (21. März 2007). Alpha-Tiere: Der schmale Grat
    zwischen Erfolg und Absturz im Management. Heidelberg:
    REDLINE; Auflage: 1., Aufl.
Galal, M. M. (11. Juni 2010). So überzeugen Sie jeden. Heidelberg:
    Gabler Verlag; Auflage: 3. Aufl. 2010 .
Köhler, V. (Director). (2006). Gruppendynamik [Motion Picture].
Grinder, M. (8. Februar 2007). Pentimento: Grundsteine der
    Nonverbalen Kommunikation. Koln: SynErgeia; Auflage: 1., Aufl.
Hofmann, P. (2013 йил 26-11). Youtube. Retrieved 2014 April from
    https://www.youtube.com/watch?v=cftp65FKW9c&list=PL518
    6429A309D707C
Lipton, D. B. (01.August 2006). Intelligente Zellen: Wie Erfahrungen
    unsere Gene steuern. Burgrain : KOHA-Verlag.
Münchhausen, W. T. (30. Oktober 2005)). Die Methaphern-Kartei
    Junfermann Verlag. Paderborn .
Röhrig, J. (2007 йил 11-März). Stern online. Retrieved 2014 йил
    15-Mai from
    http://www.stern.de/wirtschaft/news/unternehmen/deutsche-
    telekom-50000-haben-angst-vor-diesem-mann-584052.html
Schmidt-Tanger, M. (23. Januar 2012). Charisma-Coaching: Von der
    Ausstrahlungskraft zur Anziehungskraft. Präsenz für
    Wesentliches. Paderborn: Junfermannsche
    Verlagsbuchhandlung; Auflage: 1., Auflage.
Schmitt, T. (6. Juli 2010). Status-Spiele: Wie ich in jeder Situation
    die Oberhand behalte. Frankfurt am Main: FISCHER
    Taschenbuch; Auflage: 8.
Voss, J. (4. Oktober 2007). Die Führungsstrategien des Alphawolfs -
    Ideenpool für Manager. München: Carl Hanser Verlag GmbH &
    Co. KG; Auflage: 1.
Wikipedia. (n.d.). from http://de.wikipedia.org

8247874R00120

Printed in Germany
by Amazon Distribution
GmbH, Leipzig